"十三五"普通高等教育本科部委级规划教
纺织科学与工程一流学科建设教材

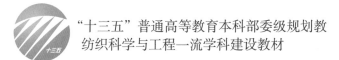

U0157845

纺织品图案设计学

温　润　主编
马颜雪　副主编

中国纺织出版社有限公司

内 容 提 要

本教材针对纺织品图案设计理论与实践而撰写。概述纺织品图案相关内容，介绍纺织品图案的题材和典型风格，详细讲解纺织品图案设计的方法论、色彩学原理与搭配法则、纺织品前道环节与后道载体的特点，以及这些理论对纺织品图案设计的影响与助推，阐述纺织品图案设计与消费市场的关系，强调市场对图案设计的重要性。

本教材图文结合，并配有详细真实的纺织品图案设计案例，全书内容易于消化、理解，可以为读者更快地了解、掌握纺织品图案设计提供有力帮助。本书既可作为纺织品设计专业人员和学生的学习参考用书，也可供其他设计爱好者学习参考。

图书在版编目（CIP）数据

纺织品图案设计学 / 温润主编. -- 北京：中国纺织出版社有限公司，2020.9（2024.2重印）

"十三五"普通高等教育本科部委级规划教材　纺织科学与工程一流学科建设教材

ISBN 978-7-5180-7766-3

Ⅰ. ①纺…　Ⅱ. ①温…　Ⅲ. ①纺织品 – 图案设计 – 高等学校 – 教材　Ⅳ. ① TS194.1

中国版本图书馆 CIP 数据核字（2020）第 154320 号

责任编辑：符　芬　责任校对：寇晨晨　责任印制：何　建

中国纺织出版社有限公司出版发行
地址：北京市朝阳区百子湾东里A407号楼　邮政编码：100124
销售电话：010—67004422　传真：010—87155801
http：//www.c-textilep.com
中国纺织出版社天猫旗舰店
官方微博http：//weibo.com/2119887771
北京通天印刷有限责任公司印刷　各地新华书店经销
2024 年 2 月第 3 次印刷
开本：787×1092　1/16　印张：11.5
字数：190千字　定价：88.00元

前言

  纺织品图案，指通过设计在纺织品上呈现的具有独创性、美观性，且符合生产工艺和市场流行的图形、色彩与肌理，是通过染、织、印、绣等工艺实现于纺织产品上的图案形态。纺织品图案在对象、制作过程、表现手法等方面都有别于其他图案，成为图案设计中一个独立的艺术门类。

  纺织品图案能反映一个时代的精神面貌，彰显一个地域的民族文化，传递一种生活方式的时尚气息。自古以来，纺织品与人类的关系源远流长。历经数千年纺织生产，无数不同风格、不同时代特征的纺织品图案诞生，且代代相传，不断创新。因此，现今的纺织品图案设计不仅肩负时代赋予的使命，也面临新的挑战。其内涵外延呈现三方面转变：一是内涵上从侧重"印、染、织、绣"为主的染织概念，转向以设计载体——纺织品为中心的"艺—工"结合，与国际有效接轨；二是形态上从以色彩、花型创作为主的"平面图案"，向立体化、配套化、终端化拓展；三是边界上从专注纺织本身，向科技与材料、创意与市场、人文与生态的融合延伸，未来将更为紧密。

  纺织品图案受工艺条件制约，相应地，多种工艺手段也造就了纺织品图案不同的表现形式与艺术风格。本教材在对纺织图案设计的基本理论知识、基本方法技法和基本工艺特点进行系统阐述的同时，着重解决将艺术与技术相融合的问题。强调"作品"到"产品"再到"商品"的转变，尽量突出设计的可实现性，即工艺对设计的限制。内容上将图案设计向后期延伸，以工艺的可实现与市场的流行性来反推图案设计的可行性，在强调创意的同时也兼顾其合理性，让读者理解工艺、市场与设计的联系以及彼此之间的差异，从而在图案设计时做到有的放矢，希望本教材能够为纺织品图案的创意设计与实践起到"抛砖引玉"之用，激发纺织品设计专业人员和学生的创作热情与创新思维，在感性与理性间搭起一座桥梁。

  全书共八章，由东华大学纺织学院温润撰写并统稿，马颜雪参与第六～第八章部分内容的整理和撰写。研究生吴思洋、张小荷、丁慧林、谈敏、王桂芳、涂彩云、朱涵祺协助制图、校对文字和术语。在此，对所有参与人员表示感谢。

  本教材编写过程中参阅了多部前辈编撰的相关著作的文字与图片，借用了东华大学纺织学院、服装与艺术设计学院学生创作的作品作为案例，并得到了多位前辈和同仁的指导，以及中国纺织出版社有限公司的大力支持，在此一并深表谢意。书中所存不足之处，恳请同行及读者批评指正。

编者
2020年7月

教学内容与课时安排

章/课时	节	课程内容
第一章 纺织品图案的概述 （2课时）	一	纺织品图案
	二	纺织品图案的分类
	三	纺织品图案的功能
	四	纺织品图案设计的意义
第二章 纺织品图案的题材与风格 （4课时）	一	纺织品图案的常规题材
	二	纺织品图案的典型风格
第三章 纺织品图案的设计方法 （4课时）	一	纺织品图案的排列形式
	二	纺织品图案设计的构成法则
	三	纺织品图案设计的规格与技法
第四章 纺织品图案设计与现代工艺 （4课时）	一	印花工艺与图案设计
	二	提花工艺与图案设计
	三	绣花工艺与图案设计
	四	编织图案设计
第五章 纺织品图案的色彩设计 （4课时）	一	色彩的生理学特点
	二	纺织品图案的色彩学原理
	三	纺织品图案色彩的心理学原理
	四	流行色的应用
第六章 纺织品图案设计的应用 （4课时）	一	服用纺织品图案设计
	二	家纺用图案设计
	三	产业用图案设计
第七章 纺织品图案设计与现代纺织 （4课时）	一	纺织品纱线材料与图案设计
	二	纺织品组织结构与图案设计
	三	面料再造与图案肌理
第八章 纺织品图案设计与消费市场 （4课时）	一	纺织品消费心理与纺织品图案设计
	二	纺织品消费动机与纺织品图案设计
	三	纺织品消费行为与纺织品图案设计
	四	纺织品消费市场的分类与图案设计
	五	基于消费市场的纺织新产品图案设计

目录

第一章 纺织品图案的概述

第一节 纺织品图案

一、图案的概念

（一）图像与图案

图像是人类视觉的基础，是自然景物的客观反映，是人类认识世界和人类本身的重要源泉。图像定义为将自然景象经过绘制、摄制以及印制而形成的形象，英文为image、picture。

随着数字化、信息化发展，通过手机、计算机、平板等媒介呈现的数字图像，成为人们生活中关照图像的主体。数字图像是由扫描仪、照相机、摄像机等输入设备捕捉实际的画面产生的数字形象。它是由像素点阵构成的位图，并通过像素点数量、大小、色彩、位置等组合，得到清晰、立体、饱满的画面（图1-1、图1-2）。

图1-1 景物图像

图1-2 绘画图像

图案，是在图像基础上形成有装饰意味的、结构整齐匀称的图形，英文为pattern。图案是基于图像之上的再加工或再创作，是具有装饰感、表现力、创意性的二维平面图形的总称（图1-3、图1-4）。这是图案作为名词的含义。

图1-3 藻井图案

图1-4 莫里斯图案

（二）图案与设计

图案在名词含义前，先以动词含义出现，意为对图形的拷案。该含义源自英文词汇中的design，由日本学界传入国内，别称"意匠"。然而在日常使用中，图案名词含义日益凸显，常与动词含义混淆。自20世纪80年代始，"设计"一词出现并流行。设计是把一种设想、计划通过视觉的形式传达出来的活动过程，是对design的直译。因在第一印象以及区分专业方向和学科分类上，设计较图案更加明确，故设计界与学术界用"设计"替代了动词含义的"图案"。因此，本书讲解的纺织品图案内容，专指其名词含义。

二、纺织品图案的概念

纺织品图案，指通过设计在纺织品上呈现出的具有独创性、美观性，且符合生产工艺和市场流行的图形、色彩与肌理，是通过染、织、印、绣等工艺实现于纺织产品上的图案形态。纺织品图案受工艺条件制约，相应的，多种工艺手段也造就了纺织品图案不同的表现形式与艺术风格。例如，印花图案具有形象生动、色彩丰富、风格多样、排列自如的明显特点，图案设计可采用多种表现技法；提花图案则显得结构严谨、造型丰满、层次分明，图案设计与织物结构、组织变化、原料特点紧密相关。

由于产品功能和风格的不同，图案丰富多样，具有实用性和审美性的双重特征。图案是人类对生命的热爱和精神追求的体现，也是不同文化的重要内容。传统的纺织图案以美化和装饰为目的，受工艺的制约，图案往往注重刻画的整洁和装饰感。现代造型艺术的形式与思想，为图案造型表达提供了丰富的灵感与启发，依托现代纺织科技进步，图案多元多变的表现已成为可能。在强调以人为本、产品个性化的今天，每一件纺织品的设计都与其功能、风格、材质、工艺、文化、审美、时尚等有关，图案在内容、形态、形式、色彩、风格等方面趋于多样化。可以说，纺织品是图案的优良载体，又因图案的存在而获得艺术提升，从而赋予服饰与家居更多文化内涵与审美品位。

第二节 纺织品图案的分类

一、按形态分类

1. 具象图案

具象指具体的形象，是人们在生活中多次接触、多次感受的，既丰富多彩又高度凝缩了的形象。它不仅是感知、记忆的结果，而且是有情感烙印的思维加工。具象图案是指有具体形象的图案，其概念也是相对抽象图案而形成的，是图案的一种表现手法，也可以看作是图案的一种艺术风格。具象图案是纺织品图案中较为常见的艺术样式，内容可谓是包罗万象，表现手法也极为丰富（图1-5、图1-6）。

图1-5 中式具象花叶图案　　　　　　　图1-6 西式具象花叶图案

2. 抽象图案

抽象是从众多的事物中抽取出共同的、本质性的特征，而舍弃其非本质的特征的过程。抽象图案是指任何对真实自然物象的描绘予以简化或完全抽离的图案，它的美感内容借由形体、线条、色彩的形式组合或结构来表现。有时抽象图案的主题是真实存在的，但因风格化、模糊化、重叠覆盖或分解而成的基本形式，以至难以辨认原貌（图1-7、图1-8）。

3. 几何图案

从形态上理解，几何是将具象图案抽象到极致的结果。几何图案是以几何形态为视觉元素造型，按照一定的原则组织成具有美感的、视觉效果强烈、简洁、严谨、含蓄的视觉形式。数千年来，几何图案一直在变化发展，其骨架、构成形式、色彩表现常呈周期性的流行，出现周而复始的现象，但都渗透着时代的影响、时代的气息。在现代纺织品设计中，几何图案在造型上以强烈、简洁、明快的风格占主导地位，色彩处理上以大块面有节奏的色阶或纯度变化为主体，表现手法上以豪放、粗犷、明快为主调（图1-9、图1-10）。

图1-7　抽象花卉图案

图1-8　抽象笔触图案

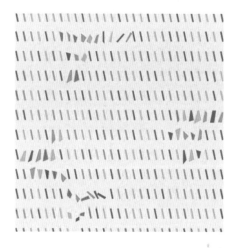

图1-9　几何彩点图案

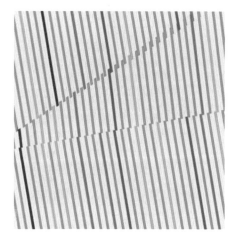

图1-10　几何彩线图案

二、按功能分类

1. 服饰图案

在众多服装的起源说中，就有"装饰说"认为，爱美是人类与生俱来的，在祭祀、图腾、巫术需要的同时，人类很早就用羽毛贝壳果核等来装饰身体、美化自己。随着人类的进步、生产技术的提高，人类的装饰手段也越来越多样化和富有美感，在人类最初的许多实用品中看到的图案实例，印证了图案是衣着的重要装饰手段，它与服装有着密不可分的关系。可以说，服饰图案是伴随着服装的进步发展起来的，在服饰图案的演进至完美成熟的漫长过程中，我们看到了人类历史的进程。服装图案主要有衣装图案、裤装图案、裙装图案等，因服装的功能、风格、款式、工艺、材料以及穿着者的民族、习惯、年龄、性别等各种因素的影响，图案因此风格迥异。服饰图案涉及广泛，包括衣料、裤装、裙料、T恤、围巾、领带等设计（图1-11）。

2. 家用纺织品图案

家用纺织品图案，简称家纺图案，它包容了家居中一切纺织品图案设计，主要有床单、被套、床罩、枕头、毯类等床上用品图案设计；窗帘、门帘、沙发与椅座凳套、桌布等家居装饰布图案设计；墙布、地毯图案设计；盥洗室中的巾类浴帘洁具三件套等纺织产品的图案设计以及餐巾、靠垫等家居纺织类饰品，即居家服、围裙、厨房用手套、拖鞋等家居服饰品的图案设计。家纺图案历史久远，图案内容包罗万象，图案的形式和工艺丰富多样，兼具实用和审美的双重特性，更是人类热爱生活和精神追求的体现。每一项每一款家纺产品，图案的设计都与产品的功能、款式、材料、工艺以及社会文化、审美习俗、时尚流行、消费对象等因素紧密关联（图1-12）。

图1-11　服饰图案

图1-12　家用纺织品图案

三、按工艺分类

1. 提花图案

提花，利用经、纬线之间组织结构和色彩的交织变换来表现图案的显花工艺。从古代丝绸织锦到现代数码提花织物，具有几千年的文化传承和技术积淀，提花织物广泛应用于高档的服装服饰和家纺装饰类产品。提花图案设计决定提花织物的艺术风格，它利用纱线的色彩、品种与组织结构表现出丰富多彩的图案。中国汉代经锦已能织造出精美华丽的云气纹、动物纹、文字等图案。宋代以后，随着提花织造工艺的进步，纬线起花的提花织物层出不穷，以蜀锦、宋锦、云锦为代表，提花图案的造型、色彩均达到了极高的艺术水准。近现代的有民间色织条纹图案和都锦生的像景织物图案，还有各地丰富的民族织锦图案，成为中国纺织品图案宝库的主角。从古代织锦的手工制作到现代提花织物的全数码化生产流程，提花图案设计的艺术风格与提花织物生产技术的进步密不可分，发挥了从艺术创意层面助推提花织物设计创新的作用。现代提花图案更多强调造型与材料、组织的创新结合，追求肌理丰富的图案样式，以适应更广泛的纺织品图案设计需求（图1-13）。

2. 印花图案

印花，是将色浆或染料通过印、染工艺局部反在织物上而形成图案的工艺。具有经济、便捷高效、方便洗涤等特点，是生产批量图案面料最为常见的工艺。其图案造型自由逼真，色彩艳丽，可以较直观地再现设计师的图案创作。印花图案主要包括丝网印花、滚筒印花、转移印花、数码喷墨印花等不同种类。印花图案设计涉及图案的连续与接头，避免图案的色档与保证图案的整体连贯性，是传统图案设计师必备的功底，现今电脑软件提供了很大的便利，手绘与电脑技术的结合，是设计师采用最多的图案设计方式。印花图案在纺织品设计中占有重要地位，被广泛地运用于服装面料、方巾等服饰以及床品、墙纸、窗帘等家居装饰面料中。现代数码喷墨印花改变了传统印花图案设计受套色成本的制约，使图案的表现更为自由，而且从设计稿到成品方便快捷，是打样与设计师小型设计制作的极佳工艺选择。目前，国内许多专业设计院校的学生毕业设计作品也多采用此方式来完成（图1-14）。

3. 绣花图案

绣花，即刺绣，主要包括手工绣和机绣两大类。手工刺绣的针法十分丰富，称谓也很多，主要有平绣、错针绣、乱针绣、网绣、锁绣、盘金绣、打籽绣、补绣、挑花绣等，不同的针法表现的图案各具特色。宋代刺绣装饰风气已逐渐在民间广泛流行，政府部门还设置文绣院。明代刺绣已成为一种极具表现力的艺术手段，先后产生苏、粤、湘、蜀四大名绣。今天，由于刺绣品需求量增大、手工刺绣生产率较低、手绣工艺品价格高昂等原因，使得手绣在市场上呈现出供不应求的局面，且无法大批量工业化生产，于是电脑机绣便应运而生。手绣是机绣的前提，机绣是手绣的创新与发展。为了确保手工绣的艺术性，同时也追求效益与产量，机绣图案结合手工钉珠等方法已成为有效的工艺手段，更多地表现在靠垫等家居饰品中（图1-15）。

图1-13　提花图案

图1-14　印花图案

图1-15　绣花图案

第三节　纺织品图案的功能

一、装饰作用

图案作为一种艺术形式，本身就具有一定的装饰性，这种装饰主要是依据一定的艺术规律和构成法则，借助色彩、工艺、材料等，再以纺织品为载体呈现其独特的艺术美感。

通常，纺织品图案对纺织品能够起到修饰、点缀的作用，使原本在视觉形式上显得单调的纺织品产生层次、格局和色彩的变化，以达到纺织品整体和谐之美的目的（图1-16）。除此之外，纺织品图案还可起到加强与突出织物局部视觉效果的作用，形成一定的视觉张力（图1-17）。

图1-16　图案在纺织品中的修饰作用

图1-17　图案的局部强调效果

二、象征作用

象征是借助事物间的联系，用特定的事物来表现某种精神或表达某一事理。人们习惯于以积极的心态去想象周围的事物，而后赋予其某种象征意义。纵观中外图案发展史，每个时间段的图案纹样都展示了该时代的文化背景、价值取向和深刻的寓意。

在纺织品图案设计中，常借用某种形象象征性地表达抽象的概念，中国传统文化中以"龙"作为"皇权"的象征，并延伸到帝王和帝王周边的一切生活化的东西：龙颜、龙廷、龙袍、龙宫等，历代龙章图案也会随着文化背景的差异发生变化，如清代龙袍绣"水脚"，即下摆等部位有水浪山石图案，寓意山河统一，天下太平（图1-18）。

在民间艺术中，常常以图案寄托设计者的情志，如鸳鸯喻夫妻恩爱，松鹤喻延年益寿，麒麟喻送子，石榴喻多子等。这些图案貌似平凡，其中不乏真趣与深情，常见的图案组合如下。

三多：指多福、多寿、多子。纹饰一般以佛手、蟠桃和石榴组成。"佛"与"福"谐音，蟠桃意为长寿；石榴，取其"千房同膜，千子如一"之意，寓意多子。"三多"的形象

图1-18　清代龙袍图案及龙纹

组合以佛手、蟠桃和石榴作缠枝连缀，表现了人们对美满生活的祝愿（图1-19）。

五福捧寿：五只蝙蝠围住中间一个寿字。"蝠"与"福"同音，五福之意，一曰寿、二曰富、三曰康宁、四曰有好德、五曰考终命。也就是一求长命百岁，二求荣华富贵，三求吉祥平安，四求行善积德，五求人老善终（图1-20）。

喜得连科：在民间传说中，喜鹊是能报喜的鸟类，这里利用"莲""连"同音，芦苇棵棵相连，"棵"与"科"同音，组成了"喜得连科"的吉祥纹。"喜得连科"寓意学子连连取得应试好成绩（图1-21）。

喜上眉梢：图案是喜鹊落在梅枝上。喜鹊作为吉祥鸟，梅开百花之先，是报春的花。所以，喜鹊立于梅梢，即将梅花与喜事连在一起，表示喜上眉梢（图1-22）。

连生贵子：图案由莲花、桂花，也有以莲花、笙和儿童组成。莲与"连"、桂与"贵"、笙与"生"同音，莲蓬寓意连生，桂花寓意贵子（图1-23）。

图1-19　三多图案

图1-20　五福捧寿

图1-21　喜得连科

图1-22　喜上眉梢

图1-23　连生贵子

三、标识与符号作用

标识与符号作用是纺织品图案社会功能的一种体现，德国当代著名哲学家恩斯特·卡西尔提出人是"符号的动物"的著名观点，揭示了符号化思维后符号化行为是人类最富有代表性的特征。在广泛的视觉领域，人往往通过符号系统完成信息传递的任务，符号与标识可以说是信息的载体。

纺织品图案的标识性通常表现在对等级、职业等的标识与分类。

1. 标识等级

封建社会规定用不同服饰来区别上下尊卑，所谓"非其人不得服其服"（《后汉书·舆服制》），"贵戏有级，服位有等……天下见其服而知贵"（贾谊《新书·服疑》）。不仅龙、凤图案是帝王、皇后的特定服饰图案，在群臣百官中，也用服饰图案来区别上下等级、贫富贵贱（图1-24）。

2. 标识职业

将醒目、简洁、易识、易记的图案用于警察、军人、运动员等特殊职业工作者的服装上，标明穿着者的职业身份（图1-25）。

图1-24　具有麒麟图案的清朝一品武官补服

图1-25　恒大足球队队徽

3. 标识品牌

随着人们品牌意识的不断增强，不少名牌产品都选用标志性图案作为一种特定的标识。在现代纺织品图案设计中，这类图案往往具有简洁、易识的特点，在体现标识性的同时展示产品的美观性（图1-26）。

图1-26 李宁品牌标志图案

第四节 纺织品图案设计的意义

一、技术与艺术的结合

纺织品图案的造型作为设计的重要因素，好像一部机器的零件一样，是整个图案设计的一个有机组成部分。纺织品图案造型的选择和表现，还要考虑其艺术表达形式，如结构合理与否，造型本身的主次、大小、粗细等，对比的处理是否协调，与造型有密切关系的技法处理和色彩配置是否适宜，经过组合排列以后的效果是否统一协调等。然而，造型因素无论怎样变化，都应适合于生产工艺的要求，饱含对实用性的充分考量。因此，纺织品图案的审美意义，只有运用恰当的色彩和排列形式，并与生产技术与现代工艺完美结合，才能得到充分表达。

二、审美与文化的载体

图案以造型等诸多要素，借助纺织品的产品形式，实现了服饰与室内家居等的装饰功能。英国乌尔斯特大学设计荣誉教授大卫·布莱尔（David Brett）在《装饰新思维》一书中论述到："我开始明白装饰的目的——装饰为了完整。通过装饰，建筑、物品和人工制品更为显眼，更具完整感，也更容易让人们凝神定视，从而使它们臻于完美；通过装饰，建筑、物品和人工制品可以转化为我们各种尝试和观念的符号与象征，完备其社会功能；通过装饰，建筑、物品和人工制品能够吸引我们视线的停顿和双手的触摸，完备其愉悦功能；通过装饰，建筑、物品和人工制品将令人难以忘怀，完备其思维功能。总而言之，装饰，在完整我们这个世界的同时，也使生活在这个世界中的人充实完整起来。"从中可以充分感觉到作为装饰手段的图案之于产品的重要意义。

图案在造型的表象下，更蕴含了审美与文化内涵，伴随着人类历史，图案充斥于人类的"衣""住"中，无论什么民族，多么偏僻地区的简陋村寨，都有着各种各样的纺织品图案，图案使纺织产品具有了超越实用功能的美，也是体现设计师个性、区别各民族差异以及构成时代标记的重要因素，更是表现和论证纺织品产品的审美与文化的重要因素。

三、时尚与流行的体现

进入21世纪，图案的形与色、工艺手段都极大程度地彰显着它的个性与作用，图案以形与色迎合和满足消费者的心理需求，营造出各式时尚文化的视觉样式，成为时代标记的重要体现。现今，国际纺织权威机构在每一季都会做出纺织品图案流行的指导方案，纺织品图案塑造和强化了服装与家居文化的内涵和个性，图案也因此以不可替代的功能和意义，成为服饰与家居文化的时尚与流行的重要构成因素。可以说，纺织品图案有着其他任何造型元素不可替代的功能和作用，是时尚舞台中永远的流行元素。

思考与练习

1. 结合实际图例掌握纺织品图案的概念界定与类别特点。
2. 结合世界图例理解纺织品图案的功能与审美内涵。
3. 比较中外纺织品图案的异同，分析原因。
4. 请结合实际，阐述纺织品图案在当下承载的时代意义。

第二章　纺织品图案的题材与风格

第一节　纺织品图案的常规题材

图案艺术是人类社会最早、最悠久、最普遍的艺术形式。各种图案题材的产生都源于人类长期的生产实践和艺术实践。美的图案从人类最先前的追求和向往中孕育而生，它与生活紧紧相连，饱含着生活的内容与哲理，是从自然现象与客观事物中凝练而成的艺术形象。它所承载的人类文明是几千年来先民们留给人们的宝贵财富，千变万化的图案形态正是纺织品图案设计的素材来源。

纺织品图案在人类"衣、食、住、行"中作用显著，图案题材涉及生活的方方面面，大致可归纳为以下几类。

1. 植物图案

大自然是美好的，但用图案的眼光看，有的过于繁、杂、乱，必须对其进行筛选、提炼、概括，删除客观形象中丑的、次要的和非本质的东西使新的形象具有更明确、更简练的特征。简化归纳多采用剪影式的处理方法，中国传统图案中的汉代画像和民间美术中的剪纸和皮影均采用的是此种方法。植物图案包含树形、朵花、折枝花、簇花、果实、叶子等，是纺织品图案设计的主要题材（图2-1、图2-2）。

2. 动物图案

虽然动物图像种类繁多，复杂多变，但可以分为不同的类别，每一类都有相似的身体结构。例如：禽鸟类是卵生动物，它们的体形是在椭圆的基础上变化的。灵长类动物的体形与人类非常相似，能直立行走，上下肢分开工作；食草动物体形多呈线形，四肢纤细，头部咬肌发达；食肉动物体形多呈弧形，腿短，爪大，头小。当确定了各类动物的基本形体特征，并进行几何化归纳，也就易于表现细部特征了，形象归类时须力求形似，如图2-3、图2-4所示。

图2-1　花卉图案

图2-2　花卉与蝴蝶图案

图2-3　凤鸟图案

图2-4　仙鹤图案

3. 人物图案

在各种人物形象中，结构对称、五官清晰、表情各异的面孔最具吸引力。不同的民族、种族、年龄、性别、职业、气质、情感等都使得人物的头部充满了差异和变化。肖像画一直以来都是各种视觉艺术形式表达和描绘的重点内容，而人物图案也可以从装饰性肖像画的训练中进行变化。应该充分利用五官的布局和丰富的形态差异，运用归纳、夸张、变形等手法，使形象更具典型性和装饰性。在刻画上可以有所侧重，有的以发式变化为主，有的以五官表现为主，有的以头部装饰为主，还有的以面部表情为主，等等。装饰肖像的训练有助于设计师掌握人物图案由局部到整体、由简单到复杂的变化规律，如图2-5、图2-6所示。

4. 风景图案

景观图案，指由自然景观和建筑景观组成的图案。自然景观包括天、地、山、林、河

图2-5　百子图案　　　　　　　　　　　图2-6　斗牛士图案

等图形。建筑场景包括建筑物、村舍、街道等图形。由于地域和文化的差异，景观图案已成为表达文化习俗的图形载体。不同国家的景观为景观图案的创造提供了丰富的图像资源。在中国，早期的刺绣风景大多用以衬托花卉、动植物。清代，开始出现织造风景的丝绸，各种刺绣针法加强了风景图案的表现力。亭台楼阁、柳岸曲桥、衬托人物的湖光山色，或戏曲传说中的人物，都是放在一组风景中叙述的，在中国家纺图案中并不鲜见，如枕顶、帘檐等，还有女装的马面裙、上袖、荷包等饰品。1922年，都锦生先生创办了杭州都锦生丝绸厂，以风景织锦缎闻名遐迩写实的黑白照片式风景织锦，曾是20世纪50～70年代中国家居墙面最时髦的装饰品，而装饰性极强的风景五彩织锦桌布与坐垫，也成为当时家居中的一种装饰奢侈品，后来也发展成四方连续纹样运用于服饰设计中。欧洲18世纪的朱伊图案与"中国风图案"也都有描绘风景的许多图案佳作。如今，织物中的景观图案出现频率低于花卉题材，但更多地呈现出追求个性和新颖的视觉风格（图2-7、图2-8）。

图2-7　风景古香缎图案　　　　　　　　图2-8　都市街景图案

5. 器物图案

器物图案，指以与人们生活相关的器物为题材，将单个或多个器物装饰在织物上的花纹。器物图案涵盖范畴较广，按照器物的用途可大致分为实用器物、节庆器物、欣赏器物、宗法器物。实用器物是古人日常使用之物，比如钱币、水桶、梳子、剪刀。节庆器物指在重要节日时用于庆典的器物，如喜庆花篮、元宵彩灯等。欣赏器物是具有人文气息的文房雅集之物，如文房四宝、博古雅器、瓶花等。宗法器物是宗教礼仪时所用的礼器、法器等，这些器物虽然不是日常使用或陈设之物，却大部分源自日常生活。生活中的器物有其丰富多样的造型特色和文化内涵，从古至今一直是艺术创作题材的源泉。从欧洲的静物画到中国宋元的杂宝纹织物，充分显示出器物题材的成熟风格。在现代纺织品图案设计中，以日常现代生活用品为主的描绘对象，包括交通工具、日杂用品、食品和玩具等。通常被运用在家居纺织品及休闲类、儿童类服饰中，构图采用重复和规律性排列，造型简洁，色彩明快（图2-9、图2-10）。

图2-9　博古图案

图2-10　灯笼图案

6. 几何图案

几何图案是由抽象到极致的点、线、面组合而成的图形。几何图案不仅包括点、线、面本身，还包括方格、三角、八角、菱形、圆形、多边形等规则图形，以及将这些规则图形往复、重叠、交错后形成的各种形体。在传统织绣图案中，几何图案通常以两种形式呈现：一是以抽象型单独出现为主；二是与自然图案组合表现。几何图案一直是许多民族传统服饰中重要的图案之一，借助织造和编织等工艺，形成不同风格与特色的图案。现代印花工艺为几何纹提供更为自由的表现手段，随意多变的几何纹体现抽象图案的魅力，被广泛地应用于各类现代服饰与家纺设计中（图2-11、图2-12）。

7. 条格图案

条格图案起源很早。世界各国古代文化中均有大量的条格图案，至今仍被广泛使用。经典条格图案是纺织品中应用最早、最广泛的图案之一。织造技术的发展和进步，创造了条

图2-11　单独几何图案

图2-12　几何组合图案

格图案的艺术形式和色彩风格，以其独特的视觉效果独树一帜，成为符合现代生活的重要图案装饰形式。在图案设计中，根据使用用途，安排条纹的比例、布局应以色形构成原则为前提，根据流行色彩进行搭配；也可以条格图案与自然形态图案相结合，进行多种图案题材的尝试，如图2-13、图2-14所示。

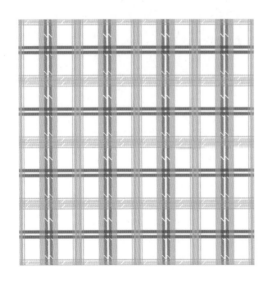

图2-13　常规条格图案

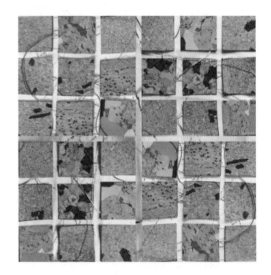

图2-14　综合材料制作的条格图案

8. 肌理图案

肌理图案，是模拟可以通过视觉或触觉检测到的表面或截面的自然纹理。自然界中的材料种类繁多，其纹理也各不相同，如木纹、水纹、石纹、不同的织物等。即使是具有相同质地的物体，由于意外因素的不同，也会产生不同的肌理效果。随着科学技术的发展，人们获取自然肌理的手段也从宏观世界走向微观世界。例如，显微镜下的原子结构、生物细胞和微生物的结构已经成为获得肌理图案的素材。现代肌理图案在纺织图案中的应用是20世纪20年代由德国超现代主义画家恩斯特提出的，是由"摹拓法"和"压印画法"的出现而兴起的。这种肌理图案在世界上很流行，近年来又风靡起来。这种肌理图案效果的制作方法和应用技术，被称为印花图案设计的特殊技法（图2-15、图2-16）。

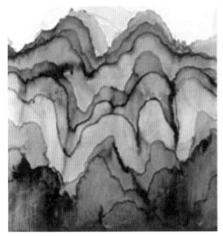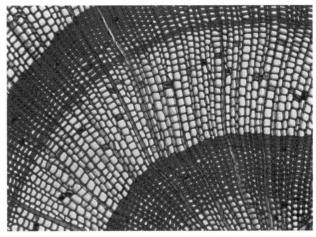

图2-15　岩石肌理图案　　　　　　　　　　　图2-16　细胞肌理图案

9. 视幻图案

视幻图案又称"欧普图案""光效应图案"，是指流行于20世纪60年代中期的欧洲和美国的，用几何形象制造出各种光色效果、引起明暗与色彩的不同组合、发生运动幻觉和强化绘画效果的一种抽象派艺术在纺织品中的应用。它是利用光学原理，以颜色转移时显现出的波形变化，或以制图仪画出很细的线条，以及人工处理的光色变异，给人造成视觉差错的"光效幻象"。艺术作品中的形象远离客观存在的自然物象，是纯粹感情化的色彩或图示的符号形象，因此，常不被一些人理解和接受。但它又是精心计算的视觉艺术，使用明亮的色彩，造成刺眼的颤动效果，达到视觉上的亢奋，曾经在20世纪60年代因纺织技术和印花水平的提高而被大量应用在时装设计中，以色彩缤纷绚丽著称。经过科学设计，按一定规律排列而成的波纹、圆形或方形等几何图案，常让人产生眩晕和幻觉感。最神奇的是，视幻印花图案所产生的视觉错觉只要运用得当，就可以成功达到修饰、雕塑凹凸有致身材的目的，如图2-17、图2-18所示。

10. 文字图案

文字的出现，是人类发展的必然。它在理解效率、准确性和传播范围等方面弥补了人类语言的不足。《说文解字》云："仓颉之初作书，盖依类象形，故谓之文。其后形声相益，即谓之字。"汉字为象形文字，其"形"历经各种书体，在传言达意和书画艺术之外还兼具装饰之功，衍生出意蕴深厚的文字图案。当今人们穿着的服饰中，文字图案的应用很普遍，无论是男装、女装，还是童装，到处都能见到文字图案的装饰。以真实的文字和虚拟的符号化的文字形象表现装饰意象，是图案设计中的常用手法。其一，真实的文字图案，是指作为图案的文字除了具有一定的装饰功能外，主要传达一定的语言信息，包含特定的信息和明确

图2-17　发散效果视幻图案　　　　　　　　图2-18　动感效果视幻图案

的含义。这类文字图案多出现在商业广告、公益宣传和职业工装等服饰装饰中。其二，装饰性的文字图案，文字本身就是图案，文字起源于图画形式的象形文字，在纺织品中的应用已有悠久历史。这类文字以其视觉装饰形式参与图案造型，文字图案本身经过变形处理并无太多的含义，文字图案包括中文文字、外国文字、意象文字等，如图2-19、图2-20所示。

图2-19　变形"寿"字图案

图2-20　"寿"字填花图案

第二节　纺织品图案的典型风格

一、民族风格

世界上有许多国家和民族的历史源远流长，各自的艺术语言、宗教信仰与表现手法自然各不相同。有很多民族的图案以其独特的风格给某一地区或整个世界的纺织品图案带来深刻的普遍性影响，成为世界纺织品图案中的一个极其重要的组成部分，被人们称作民族花样。我国古代劳动人民创造了用黄豆与石灰做防染糊的靛蓝印花，而产生了具有乡土气息的蓝印花布花样。日本人民创造了使用糯米粉作为防染糊料的友禅印花，从而产生了精美纤丽的友禅花样。在纺织品图案的流行时尚中，民族风格经常会出现周期性流行，它不是简单的复古，而是结合当下审美风尚以新的姿态重新演绎。

（一）佩兹利图案

佩兹利图案发祥于克什米尔，因此，又被称为克什米尔图案。佩兹利图案据说源于印度的生命之树的信仰。国外很多专家与学者对于图案的象征与寓意进行了广泛的研究。有的认为是古巴比伦受松球断面的启示而产生的；有的认为是印度宗教中圣树菩提树果实或叶子的造型；有的则认为是象征拜火教或祆教火焰的图案（图2-21、图2-22）。

图2-21　松果　　　　　　　　　　　　　　图2-22　菩提子与菩提叶

起初，克什米尔人把这种图案用提花或色织的形式表现在编织物上，更多地用于克什米尔毛织的披肩上。伊斯兰教把这种图案当作幸福美好的象征（图2-23）。18世纪初期，苏格

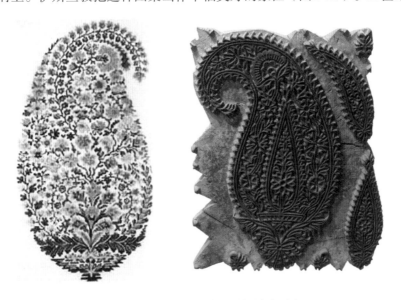

图2-23　伊斯兰风格佩兹利图案与雕版

兰西南部城市PAISLAY的毛织行业用大机器生产的方式，大量采用这种图案织成羊毛披肩、头巾、围脖销售到世界各地。世人就此将克什米尔图案误称为佩兹利图案，还有因音译误翻为波斯图案。由于佩兹利图案都是用涡线构成，故而又被称作佩兹利涡旋图案。这种图案很早就在西亚与欧洲被广泛运用，所以，国外有些专家认为它起源于土耳其。

佩兹利图案在我国被称为火腿图案，在日本，有人将其叫作勾玉或曲玉（一种月牙形的玉器）图案，非洲也有人将其称作芒果或腰果花样。

佩兹利图案是一种适应性很强的民族图案。最初，常常是用深暗的色彩通过机织或刺绣的方法表现于羊毛织物上。自从被移植到纺织品后，它的表现手法更是丰富多彩。图案设计师或用密集的涡线处理图案，或用平涂色块处理，或把用线条组成的松球再排列成美丽的图案，抑或用纤细的小花组成松球图案，真是变化万千、琳琅满目。佩兹利图案的配色也极为丰富，可深可浅，可灰暗可明朗，可单色可多彩（图2-24~图2-26）。

图2-24　单独式佩兹利　　　　　图2-25　对称式佩兹利　　　　　图2-26　复合式佩兹利

佩兹利以其富丽奇谲的造型、多变的组合、各呈异彩的表现形式而博得世界各国的普遍喜爱。除了用于时装面料，还渗透各类民族服饰中，流行面极广，可谓最受宠爱的图案（图2-27）。

（二）蓝印花布花样

我国的蓝印花布是从丝绸印花的基础上发展起来的。用草木灰或石灰等碱性较强的物质使花纹部分生丝膨胀，然后洗掉碱质和部分丝胶再进行染色。这一技术以后经过不断发展，改用石灰和黄豆粉调制浆料作为防染糊，再用植物染料靛蓝进行染色。蓝印花布在宋、元时称为"药斑布"，到了明朝才称为"花布"，可以说是现代印花布的祖先。新中国成立以前，蓝印花布的生产几乎遍及全国，主要采用手工型纸印花工艺，以其图案丰满、穿插生动、风格古朴、韵味醇美而受到国内外女性的青睐（图2-28、图2-29）。

图2-27　佩兹利图案在现代服装中的应用

图2-28　蓝印工艺中的刻花版

图2-29　亭台花鸟蓝印花布

　　蓝印花布在日本颇受欢迎，主要作为工艺品的原料、服装面料和制作暖帘（一种挂在商店门前的布帘）的材料。工艺品主要有钱包、化妆盒、阳伞以及各种领包。花样以小型为主，采用点子组成的梅花、菊花，可以是散点排列，也可以是格形排列。衣花一般可分衣料与裙料花，裙料多带裙边，仍以小花为主，有时还采用日本古典小纹图案，如麻叶图案、花菱图案、龟甲图案、镰仓图案、江户小纹等图案。做暖帘的一般采用大花与隐喻吉祥的图案，诸如梅、兰、竹、菊、牡丹、松鹤图案以及龙凤呈祥、彩蝶梅竹等图案（图2-30、图2-31）。

　　（三）埃及花样

　　埃及是世界文明古国之一，埃及的纺织工艺与印染技术的产生可能是世界上最早的国家，从已经发现的公元前300年左右的中古王朝时期及埃及第十五朝墓穴中出土的几片亚麻挂毡中可以看到用红、蓝、绿构成的莲花、禽兽的纹织图案。公元4～8世纪在埃及被罗马帝国统治下的一段时间内，埃及的纺织品工艺有了相当发展，这在埃及纺织品工艺史上被称为哥普特时代。当时埃及的丝绸一般是从君士坦丁堡进口，织物主要采用人物、天使、花鸟、

图2-30　梅花纹蓝印花布

图2-31　凤穿牡丹纹蓝印花布

禽兽、几何图案以及有关基督教的题材。8世纪初，埃及丝绸图案主要为萨珊王朝的波斯图案。与此同时，埃及图案还受到了罗马样式与希腊几何图案的影响，题材有希腊神话、罗马传说、圣经故事等，色调都以深暗的紫色调。

　　古代埃及的绘画与雕塑艺术几乎都遵循相同的表现方法和类似的题材。在表现上，人物的形象必须脸是侧面的，显出明确的额、鼻、唇的外轮廓；眼却是正面的，有着完整的两个眼角；胸也是正面的，现出双肩与双臂；而腿和脚又是侧面的，充分画出由踵到趾的长度（图2-32）。古埃及的绘画与雕塑实质上是属于宗教艺术，是宗教的宣传工具。为了充分发挥宣传作用，必须使用能使所有人易于理解、经过提炼、概括的艺术语言和表现程式，并且使所有埃及艺术家都能遵循这一体系从事创作。古埃及统治者认为简单明确的艺术作品比语言表达更有效，这是古埃及在绘画和雕塑的表现上几乎一致的原因。

　　古代埃及人认为人在世上活着仅仅是短暂的一瞬间，死后才能获得永久的幸福，死是存在的另一种形式，死后生活的世界才是古埃及人的最终目标。他们想象死后生活与人世间非常接近，在他们的陵墓里有大量的浮雕与壁画都是描绘世俗生活的场景，如狩猎、捕鱼、播种、收割、碾米、酿酒、造船、盖房、纺纱、织布、音乐、舞蹈、祭神等画面。埃及人认为这些壁画与浮雕中的食物与祭品在举行巫术仪式后就会变成实物，以供死者永久享受。所以，有人把埃及艺术称作"为了来世的艺术"。这种宗教信仰与世俗生活相互渗透的古代埃及艺术是现代埃及纺织品花样的主要内容之一。埃及是世界上使用象形文字最早的国家，每一个词都是一个绘画形象，在古代埃及人看来，文字的书写和形状比语法和拼写重要得多，在他们墓室的壁画与浮雕中充满了这类象形文字的铭文。所以，象形文字是埃及花样的又一组成部分。古代埃及的神灵是以各种各样动物的面貌出现的，出于埃及人对圣兽的崇拜，由于这种崇拜使埃及人创造出无数动物与人相结合的形象，其中最著名的就是斯芬克司狮身人面像。这些都成了埃及纺织品花样不可分割的组成部分。此外，埃及花样中还经常出现象征宇宙的漩涡图案，"卍"图案以及古代陶器、生命之树、古代战争、各种武器和古代度量器具等，具有强烈的装饰意味（图2-33）。

图2-32　古埃及正身、侧面艺术特点　　　　　　　图2-33　埃及图案

（四）友禅花样

友禅印花传说是日本德川时期元禄年间，在日本京都知恩院门前以卖扇为生的擅长绘画的宫崎友禅法师创始的，"友禅染"是由宫崎友禅而得名的。友禅印花是用毛笔或其他工具将防止友禅染料渗入的防染糊（用糯米制成的糊料）在布上作画然后再染色。

友禅印花后来发展成手描友禅、无线友禅和型友禅。手描友禅是一种直接将花样用手描在坯布上的工艺。型友禅又称"写友禅"或"板扬友禅"。型友禅是将花样雕刻成型纸，纤细的部分用许多头发丝牵住，每套颜色用一张型纸，一般要用30~40张型纸，多的甚至要用近百张型纸。友禅印花按产地又可分加贺友禅，京友禅（京都产）和东京友禅，东京友禅是典型的现代友禅。

大多数友禅花样都是以复合图案出现的。从技法上讲，友禅印花常常与刺绣、扎染等技法相结合。从题材上讲，具有多样性图案的复合。常常是各种花卉图案与几何图案同时出现，各种具象的、写实的与概括的图案同时并存；传统的日本纹织图案与中国唐代图案相结合。具有本民族写生变化特色的平安樱、二阶笠、西海波、龟甲纹、幸菱纹、海松丸、镰仓图案、江户小纹以及表现神社等写生图案，受中国绘画影响的浮世绘等与中国传统图案的雷纹、七宝纹、八仙纹、小葵唐草纹、牡丹唐草纹、石榴唐草纹及乱菊纹等图案同时出现在同一花样中，由于友禅印花采用粳米作糊料，花样可以达到纤细多彩、晕纹漪涟的效果。

友禅花样中用得最广泛的是一种叫"鹿の子"以及"扇文"与"晕纹""鹿の子"可以组成花朵、"扇纹"以及其他图案。"扇纹"是由褶扇组成，褶扇是日本民族于平安时代在中国蒲扇基础上创造出来的，镰仓时代开始用于印花图案，图案一般用二把或数把组成圆形图案，或全开或半开或闭合可像花卉图案一样组成各种排列（图2-34、图2-35）。

"鹿の子"或称"鹿子绞り"是用扎染而得的花型，后被广泛移用于友禅花样（图2-36、图2-37）。东晋陶渊明在《搜神后记》中记述了"紫缬襦、青裙"，"紫缬"即"鹿胎缬"，青裙即靛蓝染。日本的"鹿の子"是由中国的"鹿胎缬"传入日本而发展的。

友禅印花的花样已被广泛地移用在圆网、平网与其他机械化印花中，日本和其他国家的图案设计师都在反复研究其色彩与图案。友禅印花以其细腻独到而颇受欢迎，常常被作为日本风格花样在国际时尚界流行。

图2-34　松鹤扇纹友禅染

图2-35　牡丹枫扇纹友禅染

图2-36　向日葵"鹿の子"友禅染

图2-37　菊水"鹿の子"友禅染

（五）波斯图案

波斯图案源自波斯萨珊王朝（公元226~642年）时期。萨珊王朝的波斯在丝织、毛织等方面得到了高度发展，纺织品图案也日趋系统、完美。当时波斯正位于东西方交通的要冲，由于与中国的密切交往，波斯在织物图案中吸取了许多中国图案的长处，而波斯图案又给东西方的图案带来了极为深刻的影响。当时意大利、土耳其等国的丝绸织物与地毯的图案基本都是采用波斯图案。波斯图案对欧洲图案影响深远，至今仍然有着强大的生命力。

波斯图案的特点是其排列骨架。一般有三种：第一种是采用波形连缀式的骨架，第二种是圆形连续的骨架，第三种是在区划性的框架中安排对称的图案，这种排列开始是为了适应织机条作而形成的。

波斯图案中很大一部分采用波形连缀式的骨架，图案以左右相反地交错处理。以波形线条来表现连续的画面，在曲线骨架中嵌入了蔷薇、玫瑰、百合、鸟等图案（图2-38）。圆形连续的排列一般被称作"联珠纹"或"球路纹"（图2-39）。这种联珠象征太阳、世界、丰硕的谷物、生命和佛教的念珠。联珠图案是在圆形的结构外边用联珠围成圆框，在连续的连珠纹中嵌入象征着威武的狮子、鹰、雄鹿、犬以及各种花鸟图案，构图缜密、结构严谨。联珠纹对我国唐代图案的影响十分深远，唐代出现的联珠对鸭纹锦、联珠对鸡纹锦、联珠熊头纹锦、联珠鹿纹锦等都是吸收了波斯图案的风格而产生的。另一种在区划形的框架内，人物或鸟兽夹着一株左右对称的生命之树，树木选择了垂直的线条，从而给造型带来了安定感和和谐感（图2-40）。

图2-38　波形连缀式波斯图案

图2-39　圆形联珠式波斯图案

波斯图案多取材植物图案，例如，椰子、石榴、菠萝、玫瑰、百合花、风信子及菖蒲、蔷薇等，采用图案化、变形与写实相结合的处理方法，呈现繁而不乱、线条流畅、形象生动、构图精巧、华丽高雅的视觉效果（图2-41、图2-42）。

（六）印加图案

印加帝国位于中南美西海岸的安第斯地带，即现在的秘鲁境内。安第斯地区曾是最早的世界文明发达地区之一，也是拉丁美洲文化的摇篮。古代秘鲁的文明使世界众多考古学家为

图2-40　对兽生命之树波斯图案

图2-41　圆形花卉波斯图案

图2-42　缠枝花卉鹿首波斯图案

之折服，印加图案也随着考古发掘，与其他民族花样同时流行。

秘鲁在公元前约5000年已经有棉花纺织，公元前2500年，纺织技术得到了高度发展。印加图案起源于秘鲁安第斯山岳，所以，又被称为安第斯图案或南美花样。印加图案最初出现在色织布与刺绣花样中，后被大量地移用于纺织品花样与织带图案。

印加图案具有十分独特的图案艺术，它基本保留了人类的原始作画方法。常常用红、黄、绿等艳丽的色彩，用直线条或直线构成的三角形、菱形及多边形等几何结构来组合构成各种动物、植物与人物图案。印加民族信仰圣鸟与圣兽，圣鸟美洲鹰被誉为神鸟，已成为具有代表性的印加图案，对20世纪20年代的装饰艺术运动（ART DECO）产生很大影响。原始的Z字纹、十字纹、雷纹、"卍"字纹、回纹以及高度概括的抽象的几何图案也是屡见不鲜，常常排列成直条或横条形，富有连续性的情节（图2-43、图2-44）。

图2-43　人物题材印加图案　　　　　　　图2-44　钻石型几何题材印加图案

（七）印度图案

印度是世界文明古国之一，印度大约在公元前5000年已经产生了棉花纺织，丝织业也发展得较早，曾产出世界著名的达卡薄洋纱以及金银线织成的金考伯（KINCOB）多重锦。据英国美术研究者贝加考证，认为印度的印花布大约起源于公元前400年，公元前300年已经能生产精美的印花棉织物麦斯林薄纱。古代印度一直是印花技术比较全面的国家，除了扎染、蜡染、扎经等印花技术外，很早就有木板凸版印花与铜版印花，丰富了印度的织物图案。16～19世纪，印度的印花布有了很大的发展，并且成为欧洲初期印花业的样板。15～16世纪，印度花布在欧洲极为流行，打击了传统的欧洲丝织，甚至带来了经济危机。印度的传统图案对欧洲和世界图案有着持久、深远的影响。印度图案以其富丽凝重、精美纤丽而经常出现在世界流行花样之林（图2-45、图2-46）。

图2-45　生命之树题材印度图案　　　　　　图2-46　生活题材印度图案

典型的印度传统图案大约有二大分支：一种是起源于对生命之树的信仰或印度教故事；另一种则是记录居民生活场景。前者多取材于植物图案，如石榴、百合、菠萝、蔷薇、风信子、椰子、玫瑰和菖蒲等，这些题材经过高度的提炼和概括，用图案化的手法，用卷枝或折枝的形式把图案连续起来，印度北部的克什米尔披肩主要以松叶与松果为主题，以涡旋形的造型使图案产生活泼多变的效果，后来发展成佩兹利图案。历史上由于亚历山大与阿拉伯人的入侵，印度受到了阿拉伯与波斯图案十分深刻的影响，至今的印度图案仍能看到波斯图案中左右对称和交错排列的格局。传统的印度图案以土红、靛蓝、米黄、土黄、棕色和黑色为主要色彩。

二、古典风格

（一）中国风格图案

中国的丝绸织物在织造和图案上无与伦比的精美，早已闻名于世。中国的纺织品图案通过丝绸之路进入欧洲，对欧洲的纺织品图案产生持续的影响。

我国花鸟图案的传入，打破了几何图案在欧洲纺织图案中占统治地位的局面。18世纪后半期，这种影响到了异乎寻常的地步。当时法国的文学戏剧、美术等艺术领域出现了一股标新立异的风气，同时，在壁毯服饰乃至家具、室内装饰、墙纸、刺绣、纺织品图案和陶瓷设计等方面掀起一阵近乎疯狂的中国热，这股风后来波及欧洲的大部。中国的亭台楼阁、秋千仕女、山明水秀的中国风景、工笔画的花鸟风月、中国工艺品、扇子、屏风、青铜器、瓷器、古董，中国传统图案中的龙、凤、狮子、牡丹、梅花、桃花等题材大量地出现在纺织品的图案中。他们把这种风格称作中国风格（CHINOISERIE）。很多法国与欧洲的图案家们并不了解真实的中国，从而使画面充满了种种幻想色彩。甚至把不同朝代的人物，把日本和亚洲其他一些国家的风景与中国的亭台楼阁、宝塔及法国的洛可可纹样混为一体。为此，法国一些著名画家纷纷选编出版了《中国花卉作品选集》《中国装饰图案集》《中国儿戏图集》《中国阳伞手册》等有关中国生活、工艺、游戏、图案等内容的画册，这股像是着了魔似的"CHINOISERIE"风于路易十五期宣告结束（图2-47、图2-48）。

图2-47 亭台楼阁中国风格图案

图2-48 花鸟中国风格图案

　　这种风格的花样在以后的200年中，作为世界传统图案经常出现在服饰图案中，尤其是作为装饰布与家具布，图案应用更广泛。

（二）朱伊图案

　　16世纪，欧洲航海家从东方带回了印度花布，在印度花布的影响下，1648年作为东西方贸易门户的马赛开设了西欧第一家棉布印染工场。印花棉布因其结实、耐洗、价廉物美而很快得到了人们的普遍喜爱，产量急剧上升，沉重打击了传统的绢丝工业，甚至给欧洲带来了经济危机。1686年，路易十四颁发了"棉布印染禁令"，直到1759年失效。1760年，德国人CHRISTOF.P.OBERKAM PT（1738—1815年）在巴黎附近小镇朱伊（Jouy）开设了一家棉布印染工场。其美丽精致的花布立刻吸引了人们的注意力，由于朱伊镇靠近凡尔赛宫，王妃贵妇们纷纷至朱伊镇争购印花布。1783年，OBERKAMPT的工场被授名为"王立工场"，朱伊镇很快成了欧洲染织中心和法兰西经济与文化的象征。OBERKAMPT工场生产的印花布被称为"朱伊花布"。OBERKAM PT工场成功的主要原因是第一进行了技术上的改革，用铜版印花取代了木版印花，1797年又开发了铜辊印花（铜辊印花最早在1783年为苏格兰人THOMAS BEEL所发明）。第二是开创了新型的花布图案，聘请当时著名画家JEAN BAPTISTE HUET为图案主任设计。HUET在图案设计中充分发挥了铜版印花精致细腻的特点，摆脱了欧洲印花绯丝花样一味对印度纹样的模仿，运用西洋绘画中的透视原理与铜版蚀刻画的技法来表现印花图案，这是朱伊花布的首创。图案主要采用二种题材：一是用单色的PERSPECTIVE（配景画），主要以南部法兰西田园风景为母题，诸如"农场小景""法兰特尔风景""四季的喜悦"等图案，有时还穿插一些富有幻想色彩的描写中国风俗画和风景的题材；二是在有椭圆形缘饰的CAMIEUX（浮雕式）内配有西洋风格的人物或希腊、罗马神话、传说的神和动物等具有古典主义风格的图案，这种具有独创风格的图案被称为"JOUY DESIGN"，朱伊图案富丽凝重、雍容华贵，曾经风靡整个欧洲，20世纪60年代在世界范围内再度流行（图2-49、图2-50）。

图2-49　表现田园风光的朱伊图案

图2-50　表现贵族生活的朱伊图案

（三）巴洛克图案

"BAROQUE"一词源于葡萄牙文"BAROCO"和西班牙文"BARRUCOO"，意为"畸形的珍珠"。17世纪初至18世纪初，欧洲的建筑出现了过分强调装饰的浪漫主义风格。它一反文艺复兴时期均衡、静谧、调和的格调，强调"力度的相克"，追求"动势起伏"。对欧洲古典正统观念是一次有力的挑战，它破坏和嘲弄了古典艺术那种永恒不变的典范程式。

"巴洛克"一词就是欧洲正统派对这种风格所表示的一种贬义，巴洛克风格源于意大利罗马，有人称米开朗琪罗为"巴洛克的先驱"，因为这种精神在他晚期作品中已露端倪。16世纪末，天主教教会"多伦多会议"决议把罗马装饰成永恒的都市、宗教的首都。于是大规模的装饰计划开始了，巴洛克风格成为这次装饰计划的楷模，教皇尤利乌斯亲自参加这项计划。这一风格席卷了整个欧洲，持续整整一个世纪，所以，有人把整个17世纪的美术称作巴洛克时期美术。后来，这种风格一直深入到欧洲所有的文艺领域而出现了"巴洛克文学""巴洛克音乐"等。

这一艺术风格在17世纪于法国发展到顶峰，所以，又被称为"路易十四样式"。在路易十三与路易十四时期，法国国力鼎盛成为欧洲的霸主，巴洛克的豪华、奢美正好符合他们的需要。为了适应这种富丽的宫廷装饰，法国宫廷服装也出现了矫饰、浮华、夸张的巴洛克风格。以往以统一、调和为标准的审美观逐渐瓦解，替代的是极度装饰、繁复的褶皱、富有动感的曲线。

由于服饰过度奢侈，就要大量进口服装的面料和服饰辅料，为此，路易王朝对纺织印染业采取鼓励保护政策，宰相的宠臣布朗负责决定宫殿的装饰、工艺品的图案设计，于是，巴洛克染织图案在其影响下诞生了。初期的巴洛克图案以变形的朵花、花环、果物、贝壳为题材，以流利形的曲线来表现形体。在富有戏剧性的构图中，充满流动感的形体，逐渐向对角线方向倾斜。后期，巴洛克图案采用莲、棕榈树叶的古典纹样、古罗马柱头莨苕叶形的装饰、贝壳曲线与海豚尾巴型的曲线。后来，巴洛克图案的异国情调显得越来越明显，特别是中国风味的注入，中国的亭台楼阁、仙女、山水风景以及流利的植物线条、曲线型和反曲线状茎蔓的相互结合，逐渐向洛可可图案演变，巴洛克图案的最大特点是贝壳形与海豚尾巴形曲线的应用。贝壳一直是欧洲古代艺术中装饰图案的重要因素。贝壳曲线是由于贝壳切面螺旋纹即贝壳自身增殖与分泌物的形态的启示：巴洛克图案就是以仿生学的曲线和古老莨苕叶状的装饰为风格，区别于以往欧洲的染织图案而大放异彩。巴洛克图案要求线型优美流畅，色彩奇谲丰艳，融合着生命的跃动感，由于路易十四的死而告结束，历时一百多年。在以后的二百多年历史中多次出现再度流行，1983～1984年在时装面料方面曾经再度抬头，在室内装饰方面作为传统图案存在（图2-51、图2-52）。

（四）洛可可图案

洛可可图案发生与盛行于1701～1785年因法国革命而止的路易王朝的贵族化纺织品中。当时，所有的壁面装饰、工艺品、家具、织物和服装，仿佛卷入了一股样式宛然如画的装饰洪流。"洛可可"一词是从法语ROCAILLE一词派生出来，ROCAILLE有"用贝壳、石子等做的假山"或"贝壳华丽"之意。据国外有些美术史家认为"ROCOCO"一词是由"ROCK"一词派生出来的，"ROCK"在西洋美术史上通常指受中国艺术影响的事物。

图2-51　人物题材巴洛克图案

图2-52　花卉题材巴洛克图案

　　路易十五时，皇室生活极度奢侈，到处兴建华丽的宫殿，在宫殿、服装、工艺品的装饰上追求一种雅致、纤细、轻巧、华丽、潇洒的艺术风格。这种风格受到蓬巴杜女士的赏识而得以进一步发展。1745年，这种风格甚至被称为蓬巴杜样式，洛可可风格达到鼎盛时期。法国画家安东尼·华多（ANTOINE WATTEAU，1684—1721）是这一风格的杰出代表。华多直接受到过中国艺术的影响，他曾把中国纹样与意大利卷物纹样糅杂于洛可可画风之中，他喜欢用活泼的曲线描绘贝壳纹样。所以，有人认为华多是"洛可可"风格的奠基人。

　　洛可可艺术的特征是改变了古典艺术中平直的结构，采用C形、S形和贝壳形涡卷曲线，敷色淡雅柔和形成富丽堂皇、雍容华贵、繁缛艳丽的装饰效果。除此之外，表现在印花图案上则是大量的自然花卉的主题，所以，有人称这个时期的法国的纺织品为"花的帝国"。当时主要采用"蔷薇"和"兰花"，以蔷薇为主，有一些在处理上采用写实的花卉，用茎蔓把花卉相互连接，就像中国的折枝花卉，有些配上各种鸟类。这种图案明显受中国花鸟画的直接影响。18世纪后半期，法国出现了一股近乎疯狂的"中国热"浪潮，当时，法国壁毯服饰乃至家具、室内装饰、墙纸、刺绣、染织图案和瓷器设计都模仿中国传统工艺美术的风格，他们把这种风格称作"中国风格"，CHINOISERIE这个词汇就是在这种情况下产生的。中国的亭台楼阁、秋千仕女，工笔画的花鸟风月、中国工艺品、扇子、屏风，青铜器等古董，中国传统图案中的龙、凤、狮子等大量题材出现在纺织品图案中，这种风格曾经对"后期的巴洛克"图案产生过相当大的影响，另外，中国的刺绣品对后来的"洛可可"产生更大的影响，所以，欧洲美术史家们创造了"ROCOCO—CHINOIS"一词来概括这一时期的文化现象（图2-53、图2-54）。

　　洛可可风格在法国持续了整整一个多世纪，波及整个欧洲大陆。直至今日，欧美古玩市场与日常生活中仍保持着对洛可可风格的强烈兴趣。洛可可艺术所具有的形式美的观念与装

图2-53 洛可可风格图案

图2-54 "中国风格"的洛可可图案

饰美术手法，至今仍给予艺术创造以启示。巴洛克、洛可可、文艺复兴样式对现代人来说要截然分清是困难的，所以，有时会同时出现流行。

（五）阿拉伯图案

阿拉伯图案是非常古老的装饰图案，它不但对广大的伊斯兰国家有着深远的影响，而且对中国、欧洲等国家和地区的图案都有着不可磨灭的影响。我国敦煌壁画中的许多装饰纹样都留下了阿拉伯图案的痕迹。我国唐代的卷草纹样和敦煌的藻井图案都是由阿拉伯图案发展而来的。

阿拉伯图案大体由两个部分组成，一是阿拉伯卷草纹，二是阿拉伯结晶纹。卷草纹主要以埃及的莲花、纸草花，美索不达米亚的忍冬花、希腊的莨苕叶等植物为主题，他们把花、叶、茎连在一起构成对称的、规则的、卷曲型的连续纹样。这种纹样在希腊时代、罗马时代乃至意大利文艺复兴时期风靡一时。在伊斯兰教义上，动物题材被禁止使用，伊斯兰教对纹样的造型空间进行了几何解析，使阿拉伯纹样逐渐抽象化，成为几何骨架的植物纹样（图2-55）。

结晶纹是伊斯兰纹样的特色，把画面分割成正十字型的格子，横直之间的交叉点作为图案的圆心，以圆心展开成六角、八角、十二角型的几何型图案结构，再在这种结构上发展或几何的或植物的图案，我国敦煌的藻井图案中有好多就是由阿拉伯结晶纹发展而来的（图2-56）。

三、现代风格

从欧洲艺术历程看，现代派的思潮是从印象派前后这个时期开始的。一些艺术家积极地探索和追求新的艺术形式，宣布和传统艺术的表现技法彻底决裂。他们跳出既定模式，要求突破传统艺术的时空观念，更充分地发挥艺术家的想象作用。西方美术自印象派之后，一反

图2-55　阿拉伯卷草图案

图2-56　阿拉伯结晶图案

以往重理性和重写实的传统，现代派艺术家认为过分地写实就难以表现理想，会失去个性，使艺术创作趋向平庸。这与中国画的传统表现思想十分接近，中国画强调"意境"，注重"似与不似之间"。国画大师齐白石说过"太似为媚俗，不似为欺世。"在印象派之前，人们关心的是"画什么"的问题；印象派之后，人们关心的则是"怎么画"的问题。

自19世纪末20世纪初的后期印象派、野兽派起，至今已将近100年。其间，从表现主义、抽象主义、立方主义、构成主义、未来主义、达达主义、新造型主义至行动画派、光效应艺术、波普艺术、概念艺术、极少主义等此起彼伏，层出不穷。这些艺术流派无不对纺织品图案造成极其深刻的影响，并且给纺织品图案充实了新的内容，提供了丰富的题材。

（一）莫里斯纹样

威廉·莫里斯（WILLIAM MORRIS，1834—1896）曾经是19世纪英国著名建筑家乔治·依·斯特里特（GEORGE E.STREET）的学生。后来，由于朋友的介绍，被当时杰出的画家，拉斐尔前派领袖罗赛迪（DANTE GABRIEL ROSSETTI）的强烈个性、机智与雄辩所吸引，结为知交，最后放弃了建筑学，开始从事工艺美术。1857年，罗赛迪应邀主持牛津大学自然博物馆的天井与壁面的装饰。为了加速工程的进度，罗赛迪说服莫里斯一起参加设计和绘制工作，莫里斯具有独创性的花卉装饰纹样开始在同行中崭露头角，为莫里斯以后的事业起了决定性的作用。

1861年4月，莫里斯主持成立莫里斯公司，经营工艺美术业务，罗赛迪也参加了该公司。在1862年举办的国际博览会上，莫里斯公司的很多作品引起了观众的极大兴趣。于是，基督教会纷纷与其签订合同，邀其参加教堂的装饰业务。1865年，莫里斯承接英国阿尔伯特博物馆的室内装饰业务，获得极大的成功，从此声誉大震。莫里斯所处的时代正是"产业革命"蓬勃兴起的时代，以莫里斯为首的一批艺术家认为：机械化生产降低了设计标准，破坏了传统文化和延续千百年的田园牧歌式的情趣。于1870年发起了"艺术与手工艺运动"，莫里斯从社会学思想和美学角度反对机器生产，鼓动大批艺术家参加这一运动，影响极其深远，扩散到整个欧洲大陆，历时半个世纪。

莫里斯公司曾经经营玻璃彩画、手描瓷砖、墙纸、家具和壁毯、印花布图案等工艺美术业务，其独树一帜，有代表性的纹样被称为莫里斯纹样。莫里斯纹样接受欧洲中世纪以及东方艺术的影响，提倡浪漫、轻快、华美的风格，摆脱当时盛行在平面图案追求三度空间的立体感，主张二度空间的形式，采用线条花纹来勾勒平涂色面和图案式的寓意或象征。莫里斯纹样被看作自然与形式统一的典范。莫里斯纹样以装饰性的花卉为母题，在平涂勾线的花朵、涡卷形或波浪形枝叶中穿插左右对称的S形反曲线或椭圆形茎藤，结构精密、排列紧凑，具有强烈装饰趣味。莫里斯纹样被视为"美的构成""生命与秩序的内在美"，是"富有与成长"的象征。莫里斯艺术对后来的"新艺术"运动和装饰艺术运动都产生过深远的影响（图2-57、图2-58）。

图2-57 对称式莫里斯图案　　　　　　　图2-58 S形结构莫里斯图案

（二）新艺术图案

19世纪末，在法国、比利时、德国、意大利、奥地利及英国兴起一场蔚为壮观的新艺术运动。1896年，法国美术商宾可在巴黎开了一家工艺美术商店专门出售反映这一运动的工艺品、印刷物与美术创作。宾可把他的商店命名为"ART NOUVEAU"。商店出售的艺术品的本身就是对运动的有力支持，是最好的宣言，于是，在法国的这些艺术家把他们正在着手进行的运动称为"ART NOUVEAU"。

新艺术运动是集哥特式艺术、巴洛克艺术、洛可可艺术等欧洲各个历史时期的艺术形式之大成，试图把莫里斯精神及文化复兴精神与产业革命所出现的新技术新材料进行某些协调的一种尝试。新艺术风格主要以火舌式的曲线形体为基础，用于建筑装饰、室内装饰、纺织图案以及日用品装饰方面，其口号是"自然、率真和精巧的技术"。

新艺术风格又被称为中国面条式阿拉伯卷草纹样式、鳝鱼式、缘虫式、花样式自由线描式、火炎式与波浪式。以上称呼不管是褒义或是贬义，但从形体上，是对新艺术风格很好的描绘，就是说新艺术风格是采用自由、奔放的弯曲的线条来描写富有流动感的成长着的生态。

其实，新艺术运动可以追溯到1882年，当时麦克莫多（MACKMUDO，1851—1942）在他的纺织图案"朵花"和"孔雀"中已经现出端倪。1883年，他在为WREUS市教会出版的书籍的扉页设计中显得更加明确，因此，有人把麦克莫多誉为新艺术运动的先驱。麦克莫多学习了日本浮世绘中注重轮廓线明确性的形式，麦克莫多1884年在为其行会设计的纺织图案中，不可否认仍保留了莫里斯图案的影响，但他的图案要比莫里斯单纯得多而且带有流线型的节奏与韵律。英国画家比亚兹莱（BEARDSLEY，1872—1898）也是新艺术运动的杰出代表。比亚兹莱的作品，无论从构图、色调，乃至富有独创性的带有动势和形式感的轮廓线以及黑与白的象征性的色彩为基调，无不得益于日本江户时期的画家葛饰北斋、一立斋广重及喜多川歌磨的浮世绘，特别是从北斋的"富狱三十六景""神奈河的波浪"的波状和流水的线条（图2-59）。奥地利画家"维也纳分离派"代表克里姆特（KLIMT，1862—1918）也是这一运动的杰出代表。他的风格明显地受地中海文明克莱塔岛涡卷纹的影响和带有镶嵌画的特色，他的画以阿拉伯卷草纹、克莱塔岛涡卷纹以及鳞纹、镶嵌格纹为基础，具有强烈的装饰效果，他的代表作品有《满足吻》《斯托克莱饰带》等，新艺术风格的装饰图案在1890~1905年的15年中风靡整个欧洲，以后又多次在时装面料和室内装饰中出现流行（图2-60）。

图2-59　比亚兹莱作品

图2-60　花卉人物题材新艺术风格图案

（三）迪考装饰图案

新艺术运动后，1925年在巴黎举行了"国际现代装饰美术博览会"（EXPOSITION INTERNATIONAL DES ARTS DECORATI FS）简称"ART DECO"。这次博览会把现代装饰艺术推向·个新的高潮（图2-61）。

19世纪末的新艺术运动是试图把莫里斯精神与大机器生产进行某种调和的一种尝试，但未能取得预想的成果。20世纪这个问题显得越发突出，这就需要把装饰艺术从新艺术运动的迷路中摆脱出来，开创一条新的现代装饰艺术之路。1903年，奥地利建筑家霍夫曼（HOFFMONN，

1870—1955）在奥地利开了一家名为"维也纳工场"的工艺美术工厂，以寻求新的合理主义的造型艺术。1904年，霍夫曼的工厂制出一套银质茶具，茶具以简洁的直线条构成，一种新的合理主义的造型脱胎而出，因而成为迪科艺术（即现代装饰艺术）的先驱。

1909年，俄国芭蕾舞在巴黎公演，对已经厌倦世纪末的艺术形式的欧洲艺术家无疑是强烈的冲击。舞台服装对市民与时装制造商造成了巨大的影响，于是，俄国风格的时装风靡一时，同时，舞台布景和服饰所采用的强烈的原色不但驱散了当时覆盖在欧洲大陆的灰色基调，而且对现代装饰艺术带来了实质性的和持续的影响。1911年，以毕加索和勃拉克为首的立体派提出了"绘画应是一个由具体到抽象的变形过程"的理论。与此同时，俄国画家康定斯基提出"只有当符号成为象征时，现代艺术才能诞生"的理论。康定斯基的艺术属于直觉的、即兴的，用色彩和"点、线、面"来谱写绘画的音乐。马克（MARC，1880—1916）的版画以直线条和简单的结构来表现他的画面。风格派画家蒙德里安则把立体主义语言规则化、几何化，在他的作品里只有通过直线、长方形、立方体来表现他的"风格"，而且把色彩简化为红、黄、蓝和非色彩的黑、白、灰。1919年，建筑师格罗佩斯在德国魏玛创立了包豪斯学府时提出："以机器为工具来表达构思"，包豪斯认为现代设计必须与生产和时代相结合。产品设计不仅要使成品在功能、美学上符合社会的需要，还要在生产上也能适应工业大生产的要求。新的材料、新的技术、新的生活内容，必然要有新的美学观念来统一协调。造型美，不再是外加物，它应该是内在的，通过材料、技术、功能来表达，同时又体现出技术、材料和功能。于是，出现了以圆、长方形和立体等几何形为基础的包豪斯风格和以几何形为基本单元的构成主义图案。所有这些都为现代装饰艺术运动提供一定理论依据和实践经验。

现代装饰图案主要是以抽象的几何体为基础来描绘它的形体，即使是花卉图案也经过一定的几何抽象（图2-62）。以勾线的平涂的块面处理为主，色彩主要依靠原色和第一间色。杜飞图案、野兽派风格、立体主义、新造型主义、表现主义、构成主义、风格派艺术都是迪

图2-61 "ART DECO"海报

图2-62 古埃及风格的迪考装饰图案

科图案丰富的源泉。迪科图案在1925年后开始流行，所以，有人称其为20年代风格图案。20世纪60年代，这种图案在时装上的应用达到了高潮。

（四）杜飞花样

1905年，几位强调个人主观表现的青年画家在巴黎的秋季"沙龙"展出了他们的作品，法国批评家沃塞列挖苦地说他们"是一群野兽"，从此，人们就称这些画家为"野兽派"。"野兽派"强调色彩主观情绪的表现，他们认为色彩应该根据主观的感受和需要来处理。在这派画家中有影响的代表之一就是劳尔·杜飞（RAOUL DUFY，1877—1953）。1911年，有个叫保尔·保华莱的法国人参观了杜飞展出的版画作品后，力劝杜飞同时从事织物印花图案的设计工作。贫穷如洗的杜飞与意大利画家莫迪利阿尼（AMEDEO MODIGLIANI）欣然接受了保华莱的进劝，开始纺织品图案设计。后来，杜飞由于里昂丝织业 BIANCHI NI商社的高薪聘请改为该社设计花样。1912～1932年，杜飞一直为巴黎"PARIS FABRIC HOUSE"从事纺织品图案的设计。

杜飞设计的花样一改以往纺织品图案中的写实风格，首先运用印象派与野兽派的写意手法。他用大胆简练的笔触、恣意挥洒的平涂色块、粗犷豪放的干笔，然后用流畅飘逸的钢笔线条勾勒出写意的轮廓，杜飞的花卉图案形象、夸张、变形，色彩强烈、明快、线条质朴、简洁，具有浓烈的装饰效果。杜飞从印花图案设计的经验中悟出了自己独特的、创造性的、具有装饰风格的新画风，从而加强了他在美术史上的地位。

杜飞这种具有独特风格的花样被称为"DUFY DESIGIN"或"DUFY TYPES"，杜飞花样中也有动物与人物的图案，但比较起来，杜飞的写意花卉更引人瞩目（图2-63、图2-64）。

图2-63　写意花卉题材的杜飞图案　　　　　图2-64　动物题材的杜飞图案

（五）点彩图案

1886年，法国画家修拉（GEORGES PIERRE SEURAT，1859—1891）及其追随者西涅克（SIGNAC）、毕沙罗（PISSARRO）父子等印象派画家在第八届印象派美术展览会上展出了点彩画作品，引起争论。由于他们新奇的、不同于早期印象派的独特风格而被称为新印象派（NEW IMPRESSIONISM）。他们将自然中存在的色彩分剖成构成色，用排列有序的、短小的点状笔触，像镶嵌那样在画面上并列起来的技法作画，被称为点彩派（POINTILLISM）。

点彩派是印象派外光艺术发展的产物，他们把印象派的画法和现代科学的成果相结合，自称为"科学印象派"。他们把绘画的笔触点划条理化，分解成为平面的色素，排列成为方圆大小相似的、呈水平或垂直方向的点块形的轮廓，成为又变形又夸张的程式化图案。他们认为调和的颜色会破坏色彩的力量，从而把色域的表现变成色点的表现，追求简略化和再加工的镶嵌形式。

点彩派美术出现后很快被运用到纺织品图案的设计中，并且作为最早的现代图案经常出现周期性流行。点彩图案对于印花设备的适应性是其他织物图案所无可比拟的，它可以适应任何机械设备和手工工艺的加工。其实，早在汉唐时期，我国已经有采用点子来处理图案的方法了，在已出土的汉代丝织物中有一种叫泥金印花纱的图案就是由金色与朱红色小圆点组成的。点彩图案还被称为新印象派图案、点画图案、点子花等。点彩图案已成为纺织品图案中十分重要的风格，经常流行于时尚舞台中（图2-65、图2-66）。

图2-65　点彩图案

图2-66　点画图案

（六）波普图案

波普风格这个词来自英语的popular（大众化），最早起源于英国。第二次世界大战以后出生的新生一代对于风格单调、冷漠缺乏人情味的现代主义、国际主义设计十分反感，认为它们是陈旧的、过时的观念的体现，他们希望有新的设计风格来体现新的消费观念、新的文化认同立场、新的自我表现中心，于是，在英国青年设计家中出现了波普设计运动。

波普运动产生的思想动机源自美国的大众文化，包括好莱坞电影、摇滚乐、消费文化等。英国的"波普"运动由于受艺术创作上的"波普"运动影响而很快发展起来。波普风格的中心是英国。早在战后初期，伦敦当代艺术学院的一些理论家就开始分析大众文化，这种文化强调消费品的象征意义而不是其形式上和美学上的质量。这些理论家认为，"优良设计"之类的概念太注重自我意识，而应该根据消费者的爱好和趣味进行设计，以适合于流行的象征性要求。对这些理论家而言，消费产品与广告通俗小说及科幻电影一样，都是大众文化的组成部分，因此，可以用同样的标准来衡量。他们的文化定义是"生活方式的总和"，并把这一概念应用到批量生产物品的设计之中。

安迪·沃霍尔（Andy Warhol）是波普艺术的领军人物，1930年出身于美国匹兹堡的一个斯洛伐克移民家庭。《玛丽莲·梦露》是安迪·沃霍尔在1962年最典型的代表作（图2-67）。理查德·汉密尔顿（Richard Hamilton）是世界上最有影响力的当代艺术家之一，被誉为"波普艺术之父"，是杜尚的学生，英国最具有影响力的艺术家之一。他的代表作有《到底是什么使今日的家庭如此非凡迷人》。此外，还有大卫·霍克尼、罗伯特·文丘里、凯斯·哈林、草间弥生等艺术家，追求新颖、稀奇，创作出形形色色、各种各样的折中主义风格作品（图2-68、图2-69）。

图2-67　《玛丽莲·梦露》艺术作品

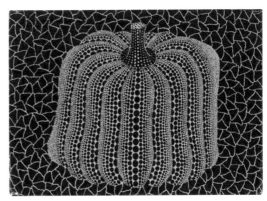

图2-68　草间弥生南瓜作品

图2-69　波普风格时装

思考与练习

1. 结合实际图例分析常规题材和典型风格图案的时代背景、造型特征与形式美感。

2. 比较民族风格、古典风格与现代风格的图案特点。

3. 请结合实际，阐述不同题材与典型风格图案在当今纺织品面料上的应用形式及意义。

4. 请结合流行趋势试述如何对典型风格图案进行创新发展。

第三章　纺织品图案的设计方法

教学目的: 主要阐述纺织品图案设计的基本形式、构成法则、构图排列与规格技法,使学生掌握设计方法,提升设计能力。

教学要求: 1. 使学生掌握纺织品图案的基本形式。

2. 使学生掌握纺织品图案花与地的布局、空间关系与接版形式。

3. 使学生掌握纺织品图案设计的规格与表现技法。

课前准备: 教师准备相关图案设计方法的图片以及应用的实例图片,学生提前预习理论内容。

纺织品图案设计除了考虑图案造型外,还需要遵循一定的构成形式,涉及各图案元素间的位置与层次关系。同时,还应在充分考量生产工艺的基础上,掌握不同纺织品的设计规格与表现技法。或许生产工艺对纺织品图案设计是一种制约,若能加以有效利用,不仅能体现最初设计意图,往往能产生意想不到的视觉效果。

第一节　纺织品图案的排列形式

就纺织品最终产品的图案形式来看,其构成大体可分为连续型与独幅型两大类。

一、连续型排列形式

连续型构成具有重复循环、排列有序的图案特点,如服用衣料、装饰面料的图案大多是连续型构成。因设计形式需要连续型构成有二方连续与四方连续之分。

(一)二方连续

二方连续是由一个或几个基本单位图案向上、下(又称为横向)或者左、右(又称为纵向)两个方向反复连续的图案构成形式,具有典雅的装饰风格。例如,图3-1是以花卉题材设计的二方连续的工艺方式,适用于裙装。

(二)四方连续

四方连续是由一个或几个基本单位图案向上、下、左、右四个方向循环连续的图案构成形式。四方连续图案的构成形式,要求在一个基本单位面积内分布若干个形状,形成大小不同的单独图案,或在一个单位几何形骨架内适当地填嵌图案,要求图案分布均匀,排列有

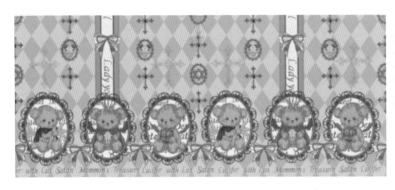

图3-1　二方连续图案与洛丽塔风格裙装应用

序，彼此呼应。基本单位图案连续成大面积图案后，纹样穿插要求自然、生动。要达到以上目的，必须处理好单位面积内散点或单位几何形骨架内填嵌图案的布局排列和连续的有机衔接，并且不能出现横当与直当，即图案连续后横向或竖向由于没有或缺少图案而形成的空当会破坏图案的整体效果。四方连续图案的构成有散点、连缀、重叠等形式，其中以散点式最具代表性，变化最丰富且用途最广。

1. 散点式

散点构成形式是将图案进行有规律的分散排列。散点构成可用一点、两点、三点、四点以至八点、九点等形式。其中一点、两点具有基本的散点构成特点，其他可以依此类推，根据设计需要而采用相关点数。

（1）一点式。一点式指单位面积内放置一个（或一组）图案，可采用平接、跳接的接版方式（图3-2）。

（2）两点式。两点式指在一个单位面积内安排两个散点图案。可以将一个点作为主点，另一个点搭配为辅点以活跃画面。如果图案具有方向性，则可排列成丁字形，或者有秩序地进行交错排列组合。两个散点可以设计成一大一小、一主一次，形成较丰富的变化。两点式中一般平接、跳接方式均有采用（图3-3）。

图3-2　一点式图案　　　　　　　　　图3-3　两点式图案

（3）三点式。三点式指在一个单位面积内安排三个单独图案，如再以这三个点为主搭配辅点，可以设计大小不同的单位图案，使画面产生大小、主次、虚实的丰富变化（图3-4）。

（4）四点式。四点排列是散点排列中最佳形式，适合小花型。一般排列呈平行四边形状。由于四点形状不同，因而造型较丰富，但需使四个点呈现大小不同的变化。例如，图3-5画面由四个点组成，每一个点由一组花卉图案组成，每一组又有不同角度、不同种类的花卉图案组成，画面形成聚散、前后、主次的层次感。此画面采用的是跳接的接版方式。

图3-4　三点式图案　　　　　　　　　图3-5　四点式图案

2. **连缀式**

连缀式排列是以几何的曲线骨格为基础，根据其骨格放置图案，并将单位图案自左、右、上、下四个方向同时连续的构图形式。连缀式构成规律性强，多用于织花图案的构图排列。其构成骨格包括菱形式、波纹式、转换式、阶梯式等。

（1）菱形式。在菱形骨格内设计一个单位的装饰纹样，进行连缀形排列所构成的四方连续图案（图3-6）。

（2）波纹式。将一个单位的装饰纹样适用在波浪形的骨格内，进行连缀形排列所构成的四方连续图案（图3-7）。

（3）转换式。在固定的规矩形内，以一个单位的装饰纹样做倒正或更多方向的转换排列，进行连缀形排列所构成的四方连续图案（图3-8）。

3. **重叠式**

重叠式是将两种或两种以上的图案相互重叠，进行有机排列的构图形式。由于图案重叠的缘故，因而画面显得层次丰富。重叠式图案中，底层的图案起衬托主体图案的作用，称"地"。地纹的图案造型、色彩搭配相对简单，上面的图案称"花"，即主体图案，造型较丰富，色彩相对协调，对比明显。重叠式的主要特点是运用色彩对比形成画面层次。例如，图3-9是菱形式与转换式组合的一种构成形式，以菱形式为地，转换式为花的设计，增加了画面的层次感和空间感。

图3-6　菱形式排列图案

图3-7　波浪式排列图案

图3-8　转换式排列图案

图3-9　重叠式排列图案

二、独幅型排列形式

无需接版可独立成章是独幅型构成形式的特点。一般画幅较大，构成因素复杂，需要设计者具有相应的组织能力。如地毯、桌布、靠垫、床卜用品、毛巾等纺织品，其图案一般采用独幅型构成形式，具有独立自由、潇洒大气的视觉效应。鉴于品种不同，构成形式也多种多样。

1. 中心式

中心式是最常见也是最基本的构图形式。它整体稳重，呈规则状；图案中心在整幅构图的中央位置四角配以与此相适应的纹饰，相互呼应，使用效果好（图3-10）。

2. 角隅式

角隅式是一种常见的传统装饰形式。角隅图案又称"角花"。在纺织品图案设计中，可以根据实际需要，装饰某个角，也可以装饰某对角或四角，使其形成大与小、繁与密的对比（图3-11）。

图3-10 中心式麒麟纹天鹅绒 　　　　　图3-11 敦煌藻井角隅式图案

3. 疏密式

疏密式是根据设计需要，采用上下或左右疏密对比关系的构图形式。它能产生疏密对比、随意活泼的画面效果（图3-12）。

4. 自由式

自由式完全采用自由、均衡、独幅式的构图形式，具有洒脱、主次分明的装饰风格。多运用在现代室内纺织品的装饰中，如地毯、床罩图案的自由式构成，能营造出时尚、有个性的环境氛围（图3-13）。

图3-12 疏密式植物图案 　　　　　　图3-13 自由式花卉图案

第二节　纺织品图案设计的构成法则

纺织品图案受纺织品功能与工艺的制约，相对于其他造型艺术形式有其自身的个性特点，但在构成形式上，都具有共通的构成法则。

一、花与地的布局

行业习惯把图案中所描绘的各种纹样叫作"花"，而把不描绘的空白背景称作"地"或"底"。根据花和地在画面中所占面积比例的不同，又把印花图案的布局分为清地、满地、混地三类。

1. 清地布局

花在整个纹样中所占的面积比例较小，而留有较大空间的地，通常在一个单位面积内，花的面积在1/2以下，占总面积的30%左右（图3-14）。

2. 满地布局

花在整个纹样中所占的面积比例占绝大部分或是全部，看上去花多地少，地色不明显或是不确切存在（图3-15）。

3. 混地布局

花与地在整个纹样中所占的面积相当，布局上虽然留有一定面积的地，但在视觉效果上仍然感觉以花为主。其主要原因是花的视觉效果比地更强烈，更能引人注目（图3-16）。

图3-14　清地布局　　　　图3-15　满地布局　　　　图3-16　混地布局

二、花与地的空间关系

1. 平面空间

花和地处在同一个平面空间，没有刻意强调前后远近，也没有主体深度，但因是视觉因素，依然可以明确感觉到这个平面中的花与地有着前后之分。花地间的关系单纯、清晰、肯定、简洁、易于统一（图3-17）。

2.立体空间

花与花、花与地在视觉上有明显的前后、虚实的空间关系，或者素材本身在造型上就具有一定的立体感、深度感，在视觉上具有更真实、自然的三维空间感（图3-18）。

3. 暧昧空间

在纹样中，花与地的关系不明确，不固定，并相互转换、易位，其空间层次表现为一种不确定的"暧昧关系"，使纹样产生扑朔迷离、动感奇特的视觉效果（图3-19）。

图3-17 平面空间　　　　　　图3-18 立体空间　　　　　　图3-19 暧昧空间

三、花回接版

1. 平接版

平接版，也叫对接版，即单元纹样之间上与下，左与右相对接，使整个单元纹样向水平或垂直方向反复延伸。这种接版方式简单方便，但连续后的画面容易显得呆板，律动感较弱（图3-20、图3-21）。

图3-20 平接花卉图案　　　　　　图3-21 平接莫里斯图案

2. 跳接版

跳接版，也叫斜接或错接，常用1/2跳接。单元纹样在上下方向对接，而左右相接时则是上下交错连接，使左上部纹样与右下部纹样相拼接，左下部与右上部纹样相拼接，这样接版的纹样单元与单元之间的连接，在上下垂直方向延伸不变，而左右呈斜向延伸（图3-22、图3-23）。跳接版多用于印花图案设计（图3-24）。

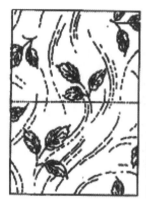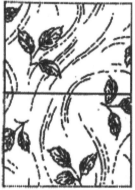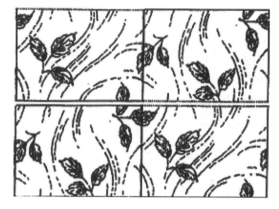

图3-22　1/2跳接纵向垂直平移重复　　　　　　　图3-23　1/2跳接横向错位重复

图3-24　跳接花卉图案

第三节　纺织品图案设计的规格与技法

一、纺织品图案的设计规格

基本单位尺寸与构图布局关系密切，根据印花辊筒或网筛圆周长度确定，如辊筒圆周尺寸为38~44 cm，这就是花样画稿上的上下尺寸。花型小、散点少时，可取一半（19~22 cm）。圆网印花网筛的圆周为64 cm，即为画稿的长度，或取一半（32 cm）。基本单位的横向宽度设定较自由，总画稿取长条形的居多，这样图案容易错开。

（1）服用参考尺寸。衣料：330 mm×400 mm（图3-25）；裙料：幅长800 mm（图3-26）；丝巾：450 mm×450 mm（图3-27）；领带：390 mm×270 mm（图3-28）。

（2）家纺参考尺寸。接版：640 mm×2500 mm或幅宽640 mm（图3-29）；独幅：330 mm×400 mm（图3-30）。

图3-25　衣料图案

图3-26　裙料图案

图3-27　丝巾图案

图3-28　领带图案

图3-29　接版家纺图案　　　　　　　　　　　图3-30　独幅家纺图案

二、纺织品图案设计的表现技法

纺织品图案设计历来重视表现技法，恰当的技法运用可以增强形象的艺术感染力，创造新颖的图案效果。尽管所表现的内容早已被人们熟知，若形式上有突破，依然能够出新。

（一）提花图案设计的表现技法

技法表现是图案设计的要素之一，可以通过不同的艺术风格、工艺形式来完成。对提花纹样而言，必须与织物组织结构特性配合起来，才能表现出它的设计效果和艺术特色，在纸样绘画时常采用以下几种技法。

1. 点绘法

点有大小、方圆、疏密、规则与不规则的区别，一般常用作主花的陪衬，表现纹样一定的层次感和立体感（图3-31）。

2. 平涂法

块面的表现技法，使纹样产生一定的平稳整体感（图3-32）。

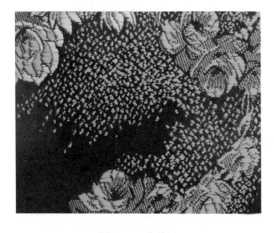

图3-31　点绘法　　　　　　　　　　　　　　图3-32　平涂法

3. 线描法

线有曲直、粗细、长短、动静的形态变化，可表现出纹样的肌理结构，以及块面的衔接和分割等效果（图3-33）。

4. 燥笔法

它与书法中的草书或写意画中的枯笔技法相似，以干笔扫出很自然的效果增强纹样的灵动感（图3-34）。

图3-33　线描法　　　　　　　　　　　　　　　　　图3-34　燥笔法

5. 撇丝法

撇丝为起笔重而收笔轻，形成虚实效果的一种技法，通常和块面、线条结合运用，也可以单独使用，它能使原本有规律的纹样变得灵动、活跃，尤其多用于花朵枝叶的表现（图3-35）。

图3-35　撇丝法

综上所述，以点、线、面为表现形式的图案设计有"八法"，即大小之变、虚实之变、明暗之变、聚散之变、裂异之变、动静之变、色彩之变、具象到抽象之变，也称"八变"。这也是提花图案设计师在实践中提炼出的经验之谈。

（二）印花图案设计的表现技法

1. 点的运用

点也是印花图案设计常用的技法，用点表现各种花型形象、明暗、色彩变化，或是用点塑造地纹层次、虚实远近……强调因为点的运用所形成的特殊装饰效果。常用的点，一般指肉眼可视的点，如钢笔、毛笔、鸭嘴笔、油画笔绘制的点，或采取洒、弹、刮、刷各种手段，或用丝瓜茎、海绵等其他工具压印而成的点（图3-36～图3-38）。

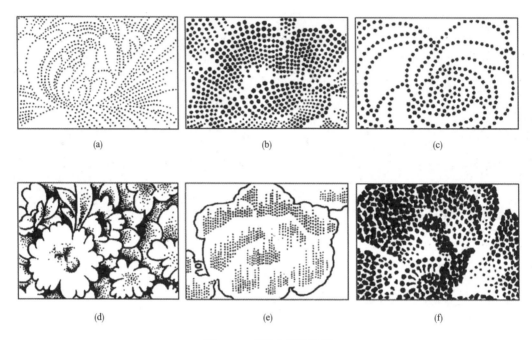

(a)　　　　　　　　　(b)　　　　　　　　　(c)

(d)　　　　　　　　　(e)　　　　　　　　　(f)

图3-36　多种点技法效果

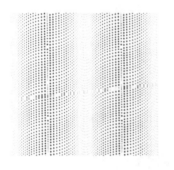

图3-37　点技法印花领带图案　　　　　图3-38　运用点呈现细胞效果的印花图案

2．线的运用

线，指图案绘制中以线条组成形象，突出线的视觉效果。密集排列的线构成花的明暗、疏密；渐变的线条表现花瓣的层次、转折；用撇丝线条描绘花型；用一排排线铺成面的感觉来组成形象或地纹。

一般用勾线笔、叶筋笔、鸭嘴笔、签字笔、钢笔等各种工具绘制线条；甚至用棉线蘸上颜色在纸上压印出斑斑驳驳的线。线的用法和点一样，被设计师发掘出各种表现方法，在各种工艺的印花中广泛运用（图3-39～图3-41）。

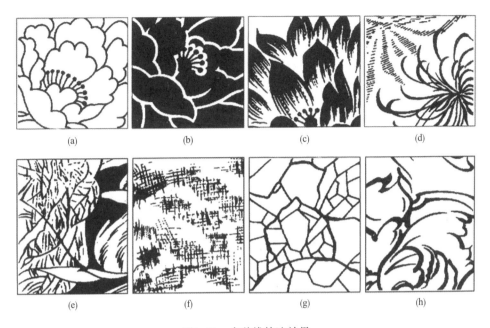

(a)	(b)	(c)	(d)
(e)	(f)	(g)	(h)

图3-39 多种线技法效果

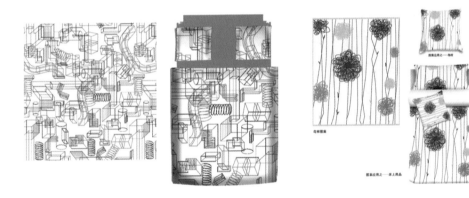

图3-40 单线结构家纺图案　　　　图3-41 线条塑造花卉家纺图案

3. 面的运用

点或线的集聚、合并就是面，而块面达到一定的量就产生比点和线更强大的视觉效果，善用面，往往还能使画面突出，色彩鲜明。

一张白纸，或是一匹染色面料，本身就是大色块，一个面。如果花型占的面积很小，留下的地色就是一个很大的面；如果花型比较密集，就需要注意留出地色部分的形状、空间，例如，染地雕印的图案，花型之间空出的地色是一个突出的面，染色地的色彩选择常常是这种图案中最具效果的因素（图3-42～图3-44）。

图3-42 多种面技法效果

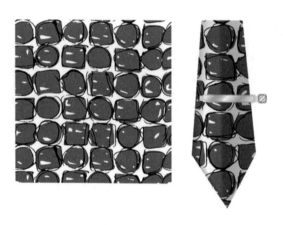

图3-43 块面构成印花领带图案

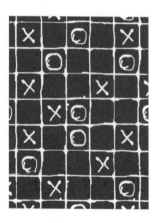

图3-44 块面效果印花图案

思考与练习

1. 结合实际图例理解纺织品图案的基本形式、构成法则与构图排列。

2. 比较花与地不同布局、空间关系与接版方式的特点与方法。

3. 理解纺织品设计规格与应用的关系，并通过实践感知不同技法的要点与独特效果。

第四章　纺织品图案设计与现代工艺

教学目的： 主要阐述三种现代纺织工艺与图案设计的关系，使学生了解现代工艺对纺织
品图案设计的制约与助推，理解不同工艺下图案设计的方向与特点，提升学
生设计可实现能力。

教学要求： 1. 使学生理解现代印花工艺对图案设计的制约关系。
2. 使学生理解现代提花工艺对图案设计的制约关系。
3. 使学生理解现代绣花工艺对图案设计的制约关系。
4. 使学生合理利用现代工艺特点将图案设计可实现化。

课前准备： 教师准备相关现代工艺设备、图案设计图片以及应用实例，学生提前预习理论内容。

第一节　印花工艺与图案设计

印花是采用各种方法将不同色彩的染料或颜料在织物上印出图案的加工过程。这个过程
主要包括图案设计、电脑分色、感光制版、调浆印花及后处理等工序。

印花图案设计和整个生产过程是完整的一体。图案设计供给生产图样，通过加工制作把
图案按原作精神体现在织物上，成为艺术和科学技术相结合的印花产品。设计者与生产者之
间的关系既十分密切又相互制约。为做好印花图案的设计工作，设计者需了解一些印花工艺
方面的相关知识。

一、织物印花的类型
（一）按生产设备分类
1. 平网印花

平网印花，全称平版式丝网印花，是先把涤纶丝网绷在框架上，经感光工艺获得印花图
形，制成漏空花纹的网框。印花时先将织物平贴在具有一定长度的弹性平台上，再将丝网框平
放在织物上面，框内加色，用橡皮翻刀在丝网上刮浆，使色浆透过网孔在织物上印出花纹。

平网印花分手工印花与机械印花两种。手工印花具有印制灵活的特点，适合于小批量
生产，属于高档印花工艺；机械印花分布动式与框动式两种（图4-1），大大提高了生产效
率，不受花型大小、套色多少（套色可在8~20种）与织物种类的限制，造型精致，色彩丰
富，能表现出多种技法肌理的图案效果（图4-2）。

图4-1 机械式平网印花机

图4-2 平网印花图案

2. 圆网印花

圆网印花，全称圆筒式丝网印花，是利用圆网的连续转动进行印花的一种方法。圆网采用无缝镍质材料，也称镍网。镍网的印花图案由感光工艺制成。印花时色浆通过自动加浆机从镍网内部的刮刀架管注入，刮刀使色浆受压并通过网眼在织物上印出花纹（图4-3）。圆网印花适用于各种织物的印花，对图案的约束更少，能印6~20套色彩，可印制平版丝网印花所不能及的图形，如规矩几何形、长直线、细茎花样等，它给图案设计开辟了更广阔的构思天地（图4-4）。

图4-3 圆网印花机

图4-4 圆网印花图案

3. 辊筒印花

辊筒印花，是指用刻有凹形花纹的铜制辊筒在织物上印花的工艺方法。印花时，先将花筒表面沾上色浆，再用刮刀将花筒未刻花纹部分表面的色浆刮掉，使凹形花纹内保留色浆，当花筒压印于织物时，色浆即转移至织物而印出花纹（图4-5）。每只辊筒印一种色彩，其套色比网式印花要少，一般在6套以内，印制的产品门幅较窄（图4-6）。

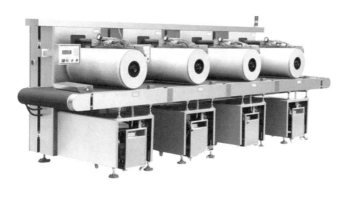

图4-5　四套色辊筒印花机　　　　　　　　　　　　　图4-6　辊筒印花图案

4. 转移印花

转移印花，是指经由转印纸将浆料转移到织物上的印花工艺方法。这种方法是将预先印有染料（花纹）的纸与织物重叠在一起，通过高温和压力使染料升华成气体扩散进入纤维，使图案转移到织物上（图4-7）。印花后无须水洗与废水处理等，此方法简单且操作方便。转移印花不受任何图案技法约束，工序简单，印制灵活，产品具有层次清晰、表现力强的优点，适宜用于合纤混纺、化纤织物的印花（图4-8）。

图4-7　数码转移印花机　　　　　　　　　　　　　　图4-8　数码转移印花图案

5. 数码喷射印花

数码喷射印花不同于传统印花，是通过计算机把纹样经分色软件编辑处理后，由计算机直接控制将染料喷射至被印的纺织品上来完成印染工作。它的流程简单，自动化程度高，无须制版。这种印花方法具有个性化、速度快、污染少、小批量加工的特点（图4-9、图4-10）。

（二）按生产工艺分类

1. 直接印花

直接印花是指用含有糊料、染料（或颜料）、化学药物的色浆印在白色或浅色地的织物上，从而获得各种图案的印花方法。此方法印制工艺较简单，操作方便。直接印花产品色泽鲜艳，能较好地发挥图案设计的艺术效果（图4-11）。

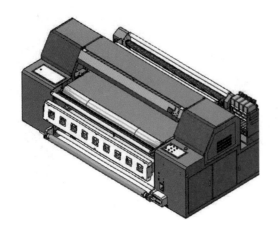

图4-9　数码喷射印花机　　　　　　图4-10　数码喷射印花图案

图4-11　直接印花图案

2. 拔染印花

拔染印化是用拔染剂印在已染有地色的织物上，以破坏织物上印花部分的地色，而获得各种图案的印花方法。所谓拔染剂，是指能使底色染料消色的化学品。用拔染剂印在底色织物上，获得白色花纹的拔染叫拔白；用拔染剂和能耐拔染剂的染料印在底色织物上，获得有色花纹的拔染叫色拔。拔染印花产品具有地色匀净、花型细致、轮廓清晰、浓艳饱满的特点（图4-12、图4-13）。

3. 防染印花

防染印花是先用防染剂（或染料）在织物上印花，然后再印或染其他色浆（或染料）的印花方法。印防染剂处染料不能上色，称防白印花；在防染印花浆中加入不受防染剂影响的染料或颜料，印得的彩色花纹称为色防印花。防染印花产品具有立体感强、少套多色与深地浅花的图案效果（图4-14、图4-15）。

（三）按印花染料分类

纺织品印花的染料，主要有酸性染料、直接染料和分散性染料。酸性染料是真丝类织物印花的主要染料，产品具有造型细致、色彩丰富、表现技法多样的图案特点；直接染料是棉

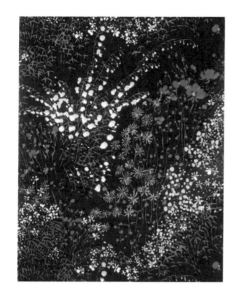

图4-12　色拔印花图案

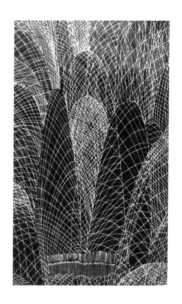

图4-13　拔白印花图案

图4-14　灰缬防染蓝印花布

图4-15　蜡染印花布

布、人造丝织物的主要染料，产品具有层次清晰、色彩鲜艳的图案特点；而分散性染料一般用于涤纶等化纤织物的染色，产品的色彩与造型有着明快而艳丽等特点。

二、印花工艺对图案设计的影响

印花生产工艺与印花纹样设计的关系十分密切，有时工艺甚至起到决定性作用。

近代印花技术提高了印制的精细度、精确度和色彩的鲜艳度，使设计人员较少地受到技术上的限制，从设计题材到表现形式更加多样，不但能模拟传统的印花风格，更能体现现代绘画的特点，在色彩的冷暖对比和花型的明暗刻画方面更为逼真，更加细腻，艺术效果也更有保证。所以，深入了解印花的工艺过程，对图案设计至关重要，只有把这种依存关系弄清楚才能使设计符合实际的生产可能，并充分地利用工艺技术所提供的条件，使设计思想在织物上得到最佳体现。

（一）丝网印花工艺对图案设计的要求

丝网印花技术在20世纪50年代后期才兴起。丝网印花也称筛网印花，它作为一种新技术很快就替代了之前的水印、浆印等印花方式，在国内迅速推广。之后，丝网印花生产效率不断提高，从手工的丝网印花发展到先进的平网印花机、圆网印花机，但印花制版和刮印的基本原理没有太大改变，都是将感光胶质固着在丝网上，留出所需印花纹样，然后把色浆透过筛孔刮印到织物上。例如，印花图案为白地上一朵红色月季花，花型由深、中、浅三套色组成。经过黑白稿和制版工序，做成相应的三只筛网花板，在同一位置上用模拟彩稿的三种红色套印出来，使相似于原稿的图案印在织物上。其丝网花框的网丝一般由涤纶丝织成，网丝密度及网丝直径关系印花色浆层的厚薄、给色量以及花型轮廓的清晰度和线条泥点的精细度，所以，必须根据不同织物的花型要求选择适当的规格。

为控制印花成本，对丝网印花的色套有一定限制，一般以7～8套为宜，设计时，应分清色种便于黑白稿制作中能够明确分辨。有经验的设计人员善于以较少的色套，来表现足够的层次和丰富的色彩效果。

（二）数码印花工艺对图案设计的助推

数码印花工艺是将图案经过一些数字化手段导入计算机分色处理后，专业的软件通过喷印系统将各种染料直接喷到各种织物或其他介质上，通过加工处理后得到所需的各种高精度的印花产品。数码印花工艺于20世纪下半叶即已出现，因计算机技术的限制，未能得到发展和普及，然而在日益强调环保节能的21世纪，其绿色无水、色彩丰富、快速便捷的特点成为新世纪纺织生产工艺的主要开发方向，也为丝绸图案设计提供了新的施展平台。

自20世纪90年代以来，随着计算机技术的普及，尤其是1995年按需喷墨式数码喷射印花机的出现，使数码印花技术的发展呈上升趋势。数码印花包括数码直喷印花和数码转移印花两个类型，可基本满足各类面料品种、各种幅宽尺寸、各个服装裁片的印花需求。数码直喷印花是将印花图案通过数字形式输入计算机，利用计算机辅助设计的印花分色系统（CAD系统或Photoshop系统）进行编辑处理，再由计算机控制喷头把染液直接喷射到经上浆处理过的纺织品上，形成花型图案的印花方式。数码直喷印花的工作原理是对墨水施加外力，使其通过喷嘴喷射到织物上形成色点，继而构成花纹图案。

数码转移印花是先将某种染料印在纸等其他材料上，然后再用热压等方式，使花纹转移到织物上的一种印花方法（图4-16）。转移印花最初为热转移印花，印制的材料有限，只能印制在涤纶等合成纤维面料上，丝绸面料基本不采用。但近年来，冷转移技术逐渐发展起来，丝绸面料也随之使用。冷转移印花技术，也称为湿法转移印花，最早发源于欧洲的丹麦，并于20世纪90年代传入中国。冷转移印花是指将水溶性染料色浆按照电脑分色的花型印刷成带有图案的印刷纸，再将织物预处理与转移印花纸相密合，施以一定的压力。转移时，织物所

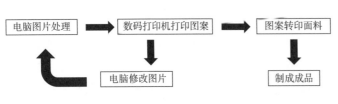

图4-16　数码转移印花工艺流程

带前处理液使转移印花纸上的色浆溶解，在一定压力下，染料对织物的亲和力比对转移纸的亲和力大，染料转移到织物上，并进入织物间隙中，经固色水洗后形成成品。冷转印技术采用常温固色，节约能源；节约用水，减少污染排放；调配的活性、酸性、分散油墨可印制在纤维素纤维、蛋白质纤维与合成纤维上，扩大了转移印花的使用范围；相对于热转印技术，它的固色率更高，染料转移率更高。

数码印花工艺是依靠计算机辅助设计技术、数字制造技术和网络技术，通过使用印花加工设备和生产过程数据化的印花技术而生产出的面料。数码印花相对于传统印花，具有明显的优势和特点，其摆脱了传统印花在生产过程中分色描稿、制片、晒版、配色、调浆、烘干等过程，流程简单，缩短了打样时间，降低了打样成本。数码印花图案丰富多彩、层次丰满，花样表现力强，能印制出花型逼真、艺术性高的摄影图案和几何花型。印后织物，手感柔软，色泽鲜艳，层次丰富，透气性好。

数码印花较传统印花设计的表现形式丰富，选材、构图、色彩、装饰效果、图案应用、设计实现等方面都有着更加突出的表现。数码印花的新技术和新方案推动了印花设计从图案到应用都持续地发生着深刻的变化，对家纺和服装行业产生了前所未有的积极意义，其为服装、家纺的个性化定制，及为创意类服装与家纺产品的设计与开发提供了有利条件。因此，数码印花将设计师从传统的生产技术和工艺条件的框架中解放出来，印花图案的设计手法获得了极大的创新，为丝绸印花图案打开了新的设计思路和创意方向。

第二节　提花工艺与图案设计

提花织物是指应用两个或两个以上基本组织，如平纹、斜纹、缎纹的三元组织、变化组织、联合组织、重经组织、重纬组织及双层组织等，在织机上通过提花开口机构和相应的花本进行织造，而形成的大花纹织物产品。由此概念，让人们意识到提花织物的纹样设计不是随心所欲的艺术创造，而是必须与织物品种的组织结构、提花机装造工艺、纹样意匠工艺及纹板轧制工艺紧密联系和结合的一种实用工艺美术设计。提花纹样的题材、构图、排列、风格、色彩构成提花织物艺术美的重要元素，其艺术美又始终贯穿于纤维织物结构、织造工艺、服饰用途及流行趋向的一系列过程中，既体现了历史时期社会意识和审美取向，还对产品销路和经济效益产生极大的作用和影响。比如，同样的织物就会因花纹不同而优胜劣汰，乃至同一图案的不同配色，都会给产品带来盈利或亏损。因此，在激烈的丝绸产品市场竞争中也包括了设计竞争，图案艺术表现力的重要性也就显而易见。

一、提花图案与织物品种设计

提花织物的品种设计重在考虑织物的结构，即经纬线在织物地部组织和显花组织的合理组合，以及原料的应用、丝线加工工艺的确定、织机装造的规格和织造工艺、后整理工艺等因素的综合，与此同时，还应对纹样提出概念性的指令；而纹样设计则是根据品种设计规格的指令进行艺术创作。因此，提花织物纹样设计时首先要了解该件提花织物组织结构是什么？其次才考虑用怎样的题材和绘画技法来表现。由此可见，纹样的构思、图案题材、点线面的应用都体现了设计师对该提花织物的认识程度。它对织物外观效果起着决定性作用，有时还会超越品种设计师的设想效果，将织物的品质、服用性能、艺术表现达到极致。

织物组织结构与纹样设计的关系大体来说也有一些规则，如：平纹结构紧密使织物平挺、细腻，但光泽较暗，应注意此时的纹样无论在纸上绘画得怎样耀眼鲜亮，反映在织物上的效果都是暗花；斜纹组织因具有明显的斜向纹路，而使织物无论是花还是地，都显现出一定的斜向光泽感，常让织物起到增加层次变化的效果；缎纹结构的特点是经向缎纹织物表面尤其细腻光亮，具有富贵之气，而纬向缎纹则显现较为平整、类似平纹的效果，但光泽柔和、质地松软；重组织物中，一般显花部分的结构常用纬浮或经浮，以此产生很强的光泽感，为突出这种效果常会要求纹样用块面来强化，与地部厚重的结构形成鲜明对比。

（一）传统提花织物设计思路

提花织物设计包括工艺设计与花型设计两部分，在产品需求的基础上进行各项参数的配置。其中工艺设计决定织物成品的结构、质感和品质，包括原料选择，织造工艺设计以及后整理处理等部分，花型图案设计则决定了外观形象，主要包括纹样设计、意匠设计、样卡编辑、纹板轧制等环节。

纹样是纹制设计的首要环节，由专职纹样设计人员根据产品的工艺特点，经过纹样题材的选择，合理布局，配置花型，运用各种绘画工具和各种描绘技法绘制出合适的纹样。提花织物纹样设计的题材包括自然花草、山川风物、飞鸟蝴蝶等具象、抽象的题材。纹样的构图、布局因织物的种类不同而异，有单独纹样、适合纹样、二方连续、四方连续多种格局。在纹样的花地比例上，通常用清地、满地和混满地来表示，以合理的花样布局来获得良好的织物视觉效果。纹样的描绘技法有平涂、勾勒块面分色、晕染、影光处理等，通过对原始纹样题材提炼、概括、夸张、变化后运用合适的描绘技法完成纹样的描绘，以求达到最佳的织纹图案效果。其次，纹样设计中的另一个至关重要的环节就是色彩设计，纹样的色彩设计要以纹样的画面内容为主，兼顾织物的工艺特点和使用功能，合理配置色彩，通过色彩设计弥补纹样的不足，丰富纹样的内容，通过流行色彩的应用，来满足人们追求时尚的审美情趣。

（二）数码提花织物设计思路

数码技术在提花织物设计上的应用主要分两个阶段，一是传统提花织物品种的计算机辅助设计，二是数码提花产品的创新设计。传统提花织物的计算机辅助设计，主要是应用CAD设计来提高设计效率，由于受传统提花织物设计理念的限制，无法真正体现数码技术应用所带来的创新优势。数码提花织物创新设计概念的提出与传统的提花织物设计理念有着本质的区别，数码提花织物创新设计需要解决的是数码技术条件下的设计理念、设计原理和设计方法的系列问题，需要为最终实现提花织物的程序化、智能化设计提供必要的理论和技术基础，为了达到数码创新设计的目的，其设计理念、设计方法和设计流程需要建立在计算机能识别和处理的数码设计技术的基础上，提花织物的纹样和色彩直接采用计算机的图像和色彩模式。

在色彩设计上，数码提花织物将数码色彩原理直接应用于提花织物结构设计，采用分层组合的设计模式，使烦琐的手工色彩处理过程成为历史。根据数码色彩（Digital Color）原理，可以将数码提花织物设计分为无彩和有彩两个部分，这里的"无彩"和"有彩"不仅仅是表示色彩效果，更代表了一种创新的设计模式，突破了传统的以手绘图案色彩决定织物色彩的限制，使数码提花织物的色彩创新成为现实。此外，借鉴数码图像的色彩图层概念和设计方法，将若干个"无彩"织物结构图采用分层组合的方法进行组合，可以轻易实现百万级别交织混合色彩的设计表达。因此，数码提花织物的色彩设计可将数码图像色彩与织物色彩分离。

在组织结构上，由于机织物的结构可分为简单结构和复杂结构两种。简单结构织物由一组经线和纬线以简单组织交织而成；复杂结构的机织物由多组经线和纬线交织而成，采用重组织、双层及多层组织等复杂组织来设计织物结构。数码提花织物的分层组合设计模式的提出突破了传统平面设计方法的局限，将复杂结构的织物理解为由若干个单层结构组合而成。因此，可以建立各自独立的组织库，组织库中的组织满足共同应用和替代应用的技术要求。从计算机程序化设计的角度看，图像设计和组织库设计相对独立，使应用于设计的图案题材和布局没有任何限制，意味着数码提花织物设计适用于任何题材的图案。

二、提花图案设计的构成方法

图案设计必须通过构思后，才能应用各种手段表达出来，这也是人们常说的意在笔先的道理。构思时要发挥主观能动性，首先要考虑设计的目的、功能、用途，其次再考虑用怎样的构成方法。在设计目的明确的前提下，构图布局是表现设计思想很关键的方面，要求突出组织结构中最美的部分，掩盖较差的部分，因此，在结合结构特点时，提花部分就有清地、清满地、满地、混地之分的构图布局。所谓清地布局即指织物地部显露面积大大多于显花面积，如克利缎、花累缎等织物，目的是要显露缎纹地肥亮细腻的富贵特点；所谓满地，则是提起花纹的部分多于织物地显露的部分，重在突出花纹的美丽，如宋锦、古香缎等织物；而混地布局则指花纹和地部面积大致相等，地中有花、花中有地的反处理效果，如花绒绸等织物。当然，也有同一种织物采用不同的布局方法来体现不同的艺术效果，如织锦缎就根据销售地区喜好的不同，有清地和满地之分，一般销往我国内蒙古、俄罗斯的均为清地布局，而销往欧洲地区的则选择满地布局，变形、写意、抽象的风格十分显著。在纹样设计时常用以下方法。

（1）重复。即一个单位的图案形态在有统一感和秩序感的前提下重复出现，以多种排列形式构成一个大的新单元图案（图4-17）。

（2）渐变。即在一个基本形态的图案上采用具有规律性的、循序的、从大到小或从远至近的渐变效果，使之产生聚散的对比效应，营造出强烈的动感和韵律感（图4-18）。

（3）近似。即以一个图案形态为基调，通过不同程度的改变，使其形成形态基本相似又有变化的构图形式，组成一种较为统一的构图，避免了单调感（图4-19）。

（4）填嵌。即以骨骼形式为图案的基本框架。内填造型结构相似，而完全不同的花草纹等使原本杂乱无章的内填图案规范在一定的形式之内，产生形与形之间的有序排列（图4-20）。

（5）发射。即以一个单元图案为中心，围绕这个中心散发、渐变，可以是离心式、向心式、也可以是同心式等，使之产生强烈的空间纵深感和运动感（图4-21）。

（6）添加。以比较单一的图案为基础，添加各种相关纹饰，以强调和突出主体和寓意，使画面更丰满，装饰性更强（图4-22）。

图4-17　重复

图4-18　渐变

图4-19　近似

图4-20　填嵌

图4-21　发射

图4-22　添加

（7）夸张。即抓住对象的形体特征和有代表性的局部特征进行夸大、强化，或合并琐碎的细节，使之形象更突出、更传神（图4-23）。

（8）对比。即通过图案间的形状、大小、方向、位置、色彩及肌理等进行形象的对比，产生强烈的直观视觉和感受差别（图4-24）。

图4-23 夸张 图4-24 对比

三、提花图案配色的特点与规律

提花织物的色彩不是像印花那样直接在绸面上印制而来,是通过经纬色线的相互交织产生的混合色彩,其色彩的混合效果取决于丝线的加工工艺、经纬紧度和织物的组织结构,如平纹组织特点是交织点密度高,而经纬线浮长最短,因此,形成的织物色泽暗淡,故一般会用提高经线的色彩度或降低纬线的色彩度来提高织物交织后的色相纯度。而缎纹组织交织点少,若经纬线采用不同色相,则织物会产生正反面不同的色泽。经纬色线的不同应用,会使织物表面形成许多不同的色彩风格和绸面效果,主要有以下几种类型。

(1)同色。经纬线同色,构成织物纯色效果。如"白织白""黑织黑"的配色,织物花纹显得含蓄高雅,耐人寻味(图4-25)。

(2)闪色。经纬线异色,交织后构成这两种颜色的复合色。若具有色相对比度的异色,交织后使织物产生闪烁的光泽感,如闪色塔夫绸的配色方法是"黑经红纬""红经绿纬",色相对比越强烈,闪烁效果越好(图4-26)。

(3)晕色。经线或纬线可以是由同种色不同色阶的色线从深到浅或从浅到深地逐渐过渡排列而成;也可以用若干组不同色调的色线,按逐渐过渡的色阶排列而成。晕色工艺较为复杂,但绸面色彩效果十分优雅迷人(图4-27)。

图4-25 同色 图4-26 闪色 图4-27 晕色

实践证明，对色织提花绸而言，制订好配色方案特别重要，尤其是新品种的第一种花样的配色直接影响织物设计的成败与否。尽管色彩千变万化，但只要遵循一定的规律，细心研究，就能运用各种手段，创造出丰富多彩的艺术效果。

第三节　绣花工艺与图案设计

绣花，又称刺绣、针绣、丝绣，是指使用针线绣制在织物上形成各种装饰图案的工艺。主要包括传统手工绣和机绣两大类。通过绣花针根据一定的纹理和样式在绣布上将不同颜色和不同质地的丝线进行来回穿刺，最终在绣布上形成一定的花纹图案。绣花工艺迄今已存在两千多年，因不同的地域和民族使其发展也有所不同，因此，我国绣花工艺及品种丰富多样，并且极具艺术价值，成为我国历史悠久的优秀传统工艺之一。

一、手工绣花工艺
（一）手工绣花针法
手工绣花的针法十分丰富，不同的针法表现的图案各具特色。手工绣花针法主要有以下几种。

1. 直绣
直绣是指用直线条从一边到另一边直接绣成形体的绣法。不论是竖直、斜直或横直都属于直绣。直绣要求平、齐、匀、顺，平即绣面要平，不能凹凸不平；齐指落针点与轮廓齐，即针脚要齐；匀指绣线疏密均匀，不重叠交叉，不露底布；顺指针向顺形就势。直绣包括直针、缠针两种（图4-28）。

图4-28　直绣针法

（1）直针。又称齐针。完全用垂直线绣成形体，线路起落针全在边缘，平行排比，边口整齐。

（2）缠针。又称斜针。用斜行的短线条缠绕形体，针迹要匀密、齐整，此针法适宜绣制小型花叶和枝干。

2. **盘绣**

盘绣是表现弯曲形体的针法，包括切针、接针、滚针、旋针四种（图4-29）。

（1）切针。又称回针、刺针。针与针相连而刺，第二针必须接第一针的原眼起针。

（2）接针。用短直针，一针接一针绣成线条。

（3）滚针。又称曲针、棍针、扣针，是表现线的针法，针针相扣，不露针眼。后针起针约于前针1/3处，针眼藏于线下成拧麻花状。

（4）旋针。顺线按纹路旋拧方向放射排列。

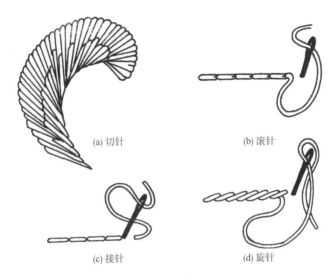

(a) 切针　　　　　　　　　　(b) 滚针

(c) 接针　　　　　　　　　　(d) 旋针

图4-29　盘绣针法

3. **套绣**

套绣是直绣针法，可做镶色、接色，特点是针脚皆相嵌。套针的基本方法有单套、双套两种（图4-30）。

（1）单套。又称平套。第一批从边上起针，边口齐整；第二批在第一批中落针，先批后批，犬牙交错，绣到尽处针口仍需齐整。

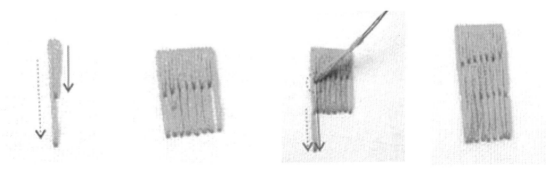

图4-30　套绣操作过程

（2）双套。双套的绣法与单套绣法相同，但比单套套得深，批得短。

4. 抢绣

抢绣又称戗针，是用短直针顺着形体的姿态，以后针继前针，一批一批地抢上去的针法（图4-31）。

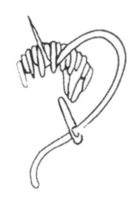

图4-31　抢绣操作过程

5. 平金

平金的针法是用金线按纹样的造型盘旋平铺，并用短针钉扎固定，针距要均匀，前后排扎错位，形成装饰效果（图4-32）。

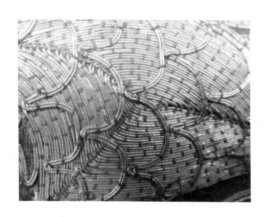

图4-32　平金针法

6. 戳金

先用金线平铺在垫有丝棉的纹样上，再用绣线钉扎固定，多用于绣鳞片、羽毛等（图4-33）。

7. 盘金

在纹样的轮廓盘绣金线，用短针钉扎固定，钉针针距均匀（图4-34）。

8. 绕绣

绕绣是一种针线相绕、扣结成绣边的刺绣针法。打籽、锁绣、辫绣等都属于这一类。

图4-33 蹙金龙纹、凤穿牡丹纹

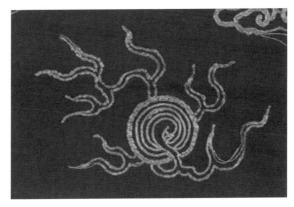

图4-34 盘金绣

（1）打籽。又称打子、打疙瘩。在绣地上绕一圈于圈心落针，也可绕针圈，于原起针处旁边落针，形成环行疙瘩，此针法可绣花蕊，也可独立绣制图案（图4-35）。

（2）锁绣。又称扣绣，其特点在于线与线之间一定要连环扣锁，扣锁的形式可分为开口式和闭口式两种（图4-36）。

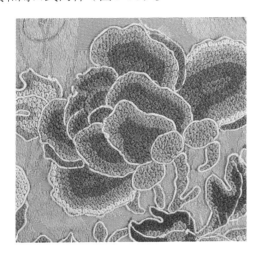

图4-35 打籽绣　　　　　　　　　图4-36 锁绣

（3）辫绣。古代最早采用的针法之一（图4-37）。

9. 乱针

此针法是不规则地用针用线，用长短不同的色线交叉、重叠绣出形象。适用于照片、油画作品、素描作品等的刺绣（图4-38）。

图4-37　辫绣　　　　　　　　　　　　　　　图4-38　乱针绣

（二）手工绣花工艺与图案设计

《尚书》和《诗经》中就有对绣的记载和描绘，宋代绣花装饰风气已逐渐在民间广泛流行，政府部门还设置文绣院。明代绣花已成为一种极具表现力的艺术手段，先后产生苏、粤、湘、蜀四大名绣。吉祥题材为内容的绣花图案被运用在服装和起居用品中，绣画（有近似绘画题材的花鸟山水绣，装饰化的人物、文字等绣品）的兴起更使艺术样式得到了丰富和拓展，也使家居获得了装饰的新样式。中国民间素有绣花花被面、花枕顶、花帐檐、花桌围、花镜帘、花门帘等的习俗，遍布大江南北，造型与风格多样的定位图案呈现出吉祥喜庆的审美意愿，是中国优秀民俗文化中重要的组成部分。

传统手工绣花实际上是一种用针线作为工具，并通过手工的形式在织物上将想要表现的图案展现出来，并能为作品增添艺术美感的一种传统工艺，如图4-39所示的绣花作品。蚕丝与手工绣花是密不可分的，丝绸面料的出现和纺织技术的不断发展为传统手工绣花工艺的兴起提供了良好的物质基础。工艺精湛的技法、清新淡雅的色彩、错落有致的图案、丰富多变的针法使传统手工绣花展现出精美绝伦的视觉艺术效果。传统手工绣花的精湛工艺流传至今，受到不同地域文化的影响，加上各种不同地区绣花类型的创新，使手工绣花的针法发展较为多元化，同时各具千秋，并且其种类十分丰富，从而衍生出各种风格迥异的绣花艺术。其中平针绣、垫绣、戗针绣、盘金绣等均为传统手工绣花的主要针法。其通过拼接、镂空、重叠、染色和褶皱等创新形式使多种材料与其他织物工艺技术相结合，突破了绣花平面单一的局限，丰富了作品的层次感。工作和生产各种独特形式的手工绣花针线在技艺非凡的绣花工艺者手中如同画家的钢笔和墨水，传统手工绣花体现了不同时代的文化特征，具有很高的艺术价值。手工绣花作为一种文化符号象征，随着时代的发展而向前迈进，同时对现代设计领域也必将会产生深远的影响。

在绣花工艺中，乱针绣以其独特的绣法工艺技巧和强大的艺术展现力形成独具一格的魅

图4-39　传统手工绣花作品

力，被誉为"中国第五大名绣"，图4-40展示了采用乱针绣技法创作的花卉图像与人物图像。乱针绣来源于苏绣，但它不同于传统手工绣花"密接齐针，排比其线"的绣制技法，在其中融合了中西方艺术特色，如西方油画中笔触、透视和点彩等原理，使其与中国传统绣花技法相结合，用不同长度交错排列的线段线条来描绘纹理，用分层渗色法来表达图像色彩和明暗的变化，从而形成了独特的针线绣制技巧，比其他绣法更适合于表现油画、摄影等类型作品的特点。乱针绣作品针法运用活泼、乱而不杂、色彩层次丰富，艺术表现力强烈，层层雕琢图案画面内容的刻画更加精致细腻，因此，得到了国内外的一致认可，在世界范围内是极为难得的艺术珍藏品，并作为中国传统文化代表，多次成为赠送给外国政府或领导者的国礼。目前，江苏省和常州市已将乱针绣工艺列入首批非物质文化遗产，我国政府也将其列入世界非物质文化遗产申请计划。

图4-40　乱针绣花卉图像与人物图像

国外刺绣资源丰富，创意十足，从写实主义肖像到服装、科学、文具，发散出各种各样形式的刺绣作品。有如图4-41（a）所示这样将刺绣与人体科学图案结合起来并应用在笔记本封面上，相比于纸质印刷封面，用刺绣工艺的肌理加强封面解剖图的艺术表现效果，令人大开眼界；也有如图4-41（b）所示的利用不同画布设计创作刺绣作品——废旧网球拍，设计师运用浓厚的色彩和粗犷的线条打破常规刺绣的固有属性，展现出花朵在交错的网中绽放的意象；还有如图4-41（c）所示的与服装相结合，这是来自俄罗斯的粗线刺绣艺术家Lisa Smirnova与时装设计师Olya Glagoleva花费近100个小时完成的作品，很好地将刺绣艺术用大胆的配色和粗犷的刺绣手法与服装设计相结合，在服装上展现出立体又富有视觉冲击力的色彩画，创造出独一无二的服装。在国外，特别是法国，刺绣师是一个备受敬重的职业。许多手工坊都与高级定制公司建立了非常长久的合作，法国的勒萨热刺绣工坊就堪称为法国高级定制的精髓与灵魂，它的刺绣资料库中保存着四万份总计超过60吨的刺绣样本，可是说是一个刺绣博物馆。这些丰富的资源通过设计师变换不同的面料材质、制作手法和工艺等，再与高级定制不同的款式、面料相组合，可以设计创造出无限可能，将刺绣设计的多样性发挥到极致。

(a) 封面刺绣　　　　　　　(b) 网球拍创意刺绣　　　　　　　(c) 服装粗线刺绣

图4-41　国外刺绣作品

二、电脑机器绣花工艺

电脑机器绣花，简称"机绣"，是指利用专业软件进行计算机编程的方法来设计图案和针法走势顺序，最终完成绣花产品在绣花部分的完整工艺。

（一）电脑机器绣花机

电脑机器绣花机是现代高技术、多功能的绣花机械。随着计算机电子技术与机械精密加工技术的不断升级发展，电脑绣花机已经逐渐成为一种高生产效率、高自动化的光、电、机三者合一的缝纫刺绣设备，并逐渐取代大部分手工刺绣成为现代刺绣行业的主要机械设备。目前市场上，日本和德国产的电脑绣花机是在全球范围内最为出名的，得到绝大多数人的认可的。现代电脑绣花机不仅是实现了花样的自动刺绣，还有自动换线、断线检测装置、自动剪线装置等一系列自动化高级装置。

按照绣花机使用场所的不同，电脑绣花机主要可以分为两大类别：家用电脑绣花机和工业用电脑绣花机。

1. 家用电脑绣花机

家用电脑绣花机主要用于服装或者家居用品小面积的刺绣，对绣花的面积有所限制。可以先在网络上下载合适的绣花数字化纹样，然后将纹样存储在存储卡上，将存储卡插入到家用电脑绣花机上，就可以自动轻松地绣制出相应的图案纹样。日本兄弟公司生产的

BROTHER PR-620型家用绣花机就可以直接满足家庭绣花的需要，在成衣、帽子和包袋上进行绣花，使用非常便捷（图4-42）。

图4-42 家用电脑绣花机

2. 工业用电脑绣花机

工业用电脑绣花机主要用于大规模批量化的刺绣生产。通常一个机器上20多个针头，可以同时绣制出大量的刺绣图案。现在市场上流行的刺绣大多是通过工业化的电脑绣花机完成的（图4-43）。工业用电脑绣花机品种多样，规格各有不同，一般可以按照以下方法进行分类。

（1）按照机头的数量多少，分为单机头和多机头（2~24头）。

（2）按照每一头机器上包含针头的数量多少，分为单针和多针（3~12针）。

（3）按照送料绷架的形式，分为板式和筒式。

（4）按照绣花所用的线迹形式，分为锁式线迹（310线迹）和链式线迹（101线迹）。

图4-43 工业用电脑绣花机

（二）电脑机器绣花针法

随着电脑绣花设备的不断升级，电脑绣花的针法发展到现在已有十余种，下面介绍几种常用针法。

1. 平包针

平包针是最常被使用的针迹，其特点是覆盖性好，可表现较宽的块面，可以在软件中选择锯齿边缘作为花样的插针效果，并且可操控针迹的长度、方向、疏密等，使其变化多样、表现较为丰富（图4-44）。

2. 他他米针

他他米针也叫席纹针，以表现对象的纹理酷似他他米纹理而得名。绣针以线条行走的方式组成块面，形成统一有序的针群。他他米针可以在针迹疏密、行线角度等方面进行变化，通常用作表现大块面，尤其是用于表现有孔的图形或不规则的图形，也可以作插针效果。此针法与出西兰卡普的纹理效果有些类似（图4-45）。

图4-44 平包针　　　　　　　　　　　图4-45 他他米针

3. 插针

为了体现花卉图案的立体感和层次感，而用两种或两种以上深浅不同的颜色针迹相互穿插，表现较为自然的过渡效果，就像印花图案中的撇丝，这种针法叫插针。绣花插针是通过锯齿边缘的平包针或他他米针来实现的。手绘时大多用相互穿插的线组表现（图4-46）。

图4-46 插针

4. E字针

这种针法只有一单针，通常设计在绣片的边缘，处理美化边缘。并且可以起到固定绣布，使其绣花进行中不会造成偏移。E字针也可用来加固缝合贴布绣（图4-47）。

5. 螺旋针

这种针法可以用任意基本针法，呈螺旋状的针迹效果。此针法可以随意填充大块面积的图案（图4-48）。

图4-47　E字针　　　　　　　　　　　　　　　　　图4-48　螺旋针

（三）电脑机器绣花与手工绣花的差异

电脑机器绣花解决了传统手工绣花所无法实现的大规模量化生产问题。它适合批量化的图案生产，成衣上的绣花图案就多使用电脑绣花机来绣制，经过技术改造后的电脑绣花机还可以模仿串珠绣、绳绣等其他较为复杂的绣法。机绣的出现是源于手工绣花市场的现实行情和现代科技的进步与发展，机绣工艺主要通过以下几方面来实现：一是需由专业绣花图案设计师设计出绣品的图案样式；二是通过制版师使用专业绣花软件打版，并输入电脑绣花机进行实际上机试织与试版；三是经过绣花工人对试绣样品颜色和针法运用的不断修正改良；四是实现最终定版后，由绣花机来完成最后的批量化生产（图4-49）。

图4-49　电脑机器绣花图案

相比于手绣工艺，机绣工艺具有操作简单、生产效率高、加工成本低、图案和样式更新快等特点，受到国内外众多消费者的认可和喜爱。随着时代的进步和科学技术的发展，现代机绣技术通过创新开发和工艺革新，使得绣制作品的艺术效果越来越接近于手工绣花，但其效率很高，可达到手工绣花的十多倍乃至上百倍，同时生产成本也减少了许多。但是相反的，现代机绣这种价格成本低廉、生产效率高的批量化生产模式在目前的绣花市场应用中仍存在着相应局限，传统手工绣花中许多较为复杂的绣法技巧还是只能通过专业手工绣花者以手绣来实现，而且机器在一些细节和特殊工艺的处理上较为差强人意，所绣制出的成品图案边缘也较容易出现混乱或者参差不齐的现象。

　　手工绣花和电脑机器绣花发展至今，都各自存在着弊端和难以突破的问题。时代的进步伴随思维的创新，这使得目前市场上的绣花技术不仅仅是单一依赖于手工或是电脑机器绣花，而是能够将两种工艺有机地结合在一起，并通过在此过程中不断的实践与更新，提炼两者之间的精华优势，摒弃各自的劣势，从而促进绣花工艺在艺术表现和工艺技巧上的发展。如先用电脑机器绣出作品的大部分基础图案，剩下的局部需要光影、点睛等细节处理的部分由绣工进行手工绣制。这样两者相结合的工艺处理，相比于手工绣花，大大减少了人工绣制的时间和精力，同时也降低了绣品的生产成本；相比于常规的机绣产品，其细节部分得到了很好的诠释，品质与艺术表现大幅提升。

第四节　编织图案设计

　　编织，是指以纺线为原料，使用棒针（用竹子、金属、塑料等材料制成，两端呈尖形）或钩针（用金属、竹子等材料制成，前端呈带倒钩的圆锥形）等工具进行的编织艺术。

　　据记载，约公元前两千年，古埃及和北欧已有用网状技术编结成的织物；到了公元9世纪，编结技术由阿拉伯和非洲传入西班牙，并逐渐传遍欧洲；16～17世纪，意大利文艺复兴时期的佛罗伦萨编结服装就十分著名；在英国都铎王朝时期，有专门为贵族编结衣物的宫廷工场；19世纪中叶，编结工艺传入中国，英商在上海开办绒线厂，使绒线编结在中国传播开来，至今在许多国家都保留着手工编结的习俗。我国20世纪70～80年代曾流行编结圆形、方形的台布，用白色或素色的棉线，多样的针法，编结出丰富多样的抽象和象形图案，为物质匮乏年代的家居增添了无尽的美好与温情，织造工艺繁荣丰富的今天，将编结工艺运用到家纺产品中，是现代家纺工艺多样化的体现。编结的盖毯、地毯以及靠垫等家纺产品，图案多以粗犷简洁的造型为主，花色针法更多以单色线编结，平针却可以用色彩换线编结许多图案造型。

　　蕾丝，一种以网眼为特征的花边。最早出现于14～15世纪，欧洲尼德兰南部的佛兰德斯地区（今分属比利时与法国）就已出现了蕾丝的踪影。贵族太太们闲暇无事，在家里玩起消磨时光的编织游戏，勾勒出一种崭新的、精美的织物——蕾丝（Lace）。欧洲以比利时、法国、意大利出产的蕾丝最著名，比利时还有一所专门学习蕾丝工艺的学校。制作传统手工蕾丝时，先把设计好的图案放在下面，将丝线绕在一只拇指大小的小梭上（一个普通的图案也需要几十只或近百只小梭），采用不同的绕、编、结等手法来制作完成。每一款蕾丝作品一般都是一个人独立完成，这使蕾丝具有了独一无二的艺术品特性，深受贵族的青睐。手工制作的蕾丝，用于高级的时装或婚纱，也用于桌布、床品、窗帘与家纺饰品的点缀。现在所谓的"蕾丝"泛指各种花边，大都是机器生产的。蕾丝图案设计讲究图案的疏密编排，其可以通过图案本身的结构来表现，也可以通过蕾丝图案在整体家纺的布局来实现，如床品或窗帘的底边或局部采用蕾丝图案，起到画龙点睛的艺术效果同时也降低了手工的成本，是常见的一种设计方法。蕾丝图案色彩以白色等素色为主，图案的造型层次全凭借网眼结构和疏密来实现（图4-50）。

图4-50　手工编织蕾丝织物

思考与练习

1. 印花工艺主要有哪几种？与图案设计之间的关系如何？
2. 三原组织包括哪几种？对图案设计有什么要求？
3. 现代绣花工艺对图案设计的要求与助推在哪里？
4. 查找并收集最新印花、提花、绣花工艺以及图案新颖效果。

第五章　纺织品图案的色彩设计

人类经历了漫长的进化过程，为了适应自然而繁衍生存，逐步形成和完善了各种感觉器官。人通过感觉器官从外部世界接收信息，从而产生视觉、听觉、嗅觉、触觉、味觉等各种感觉，其中视觉器官最为重要。视觉是认识世界的窗口，因为它担负着80%以上的信息接收任务。人的眼睛是最精密、灵敏的感受器，万物世界的明暗、色彩、形状、空间是靠眼睛来认识和辨别的。但是视觉器官的功能又不是万能的，有时候因为视觉生理功能上的局限性而产生错视与幻觉，因此，造成了主观感觉和客观现实之间的误差。色彩感觉有其本身的规律，在研究色彩视觉生理规律时，既要弄清楚人的眼睛为什么能看到色彩，又要分析视觉产生过程中认识色彩产生失真现象的原因，从而在色彩设计中科学地把握和应用色彩。

第一节　色彩的生理学特点

一、人眼的生理构造及功能

自然的选择和人类的进化，构成了人类特有的视觉器官——眼睛，眼睛的各种生理构造具有不同的功能，担负着不同的任务，它们整体协调工作，形成一个复杂的视觉系统，使人们从外界获得各种视觉信息（图5-1）。

（一）眼球

人眼的形状很像一个小球，通常称为眼球。眼球由肌肉和韧带固定在眼眶内，并且控制眼球的活动。眼球内具有特殊的折光系统，使进入眼内的可见光线汇聚在视网膜上。视网膜上含有感光的视杆细胞和视锥（圆锥）细胞，这些感光细胞把接收到的色光信号传到视神经细胞，再由视神经传到大脑皮层枕叶视觉中枢产生色感。

眼球壁由三层膜组成。外层是坚韧的囊壳，保护着眼的内部，称为纤维膜。它的前1/6为角膜，后5/6为白色不透明的膜，称为巩膜。中层总称葡萄膜（或血素层，血管层），颜色像紫葡萄，由前向后分为三部分，即虹膜、睫状体和脉络膜。内层为视网膜，简称网膜。

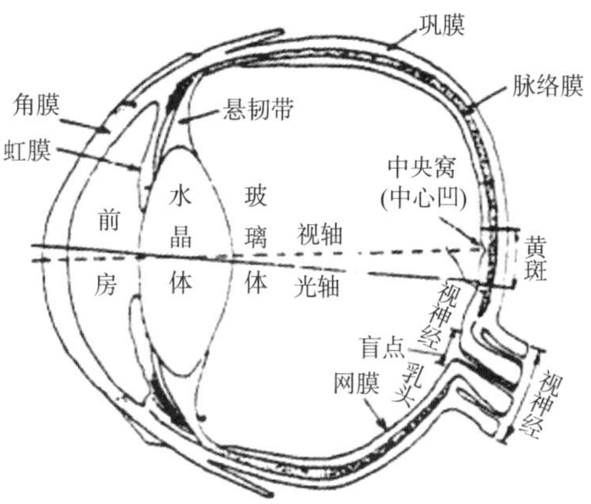

图5-1　眼睛解剖示意图

（二）角膜与虹膜

眼球最前端是透明的角膜，它是平均折射率为1.336的透明体，俗称眼白，微向前突出，曲率半径前表面约为7.7 mm，后表面约为6.8 mm。光线由这里折射进入眼球而成像。

角膜后面为呈环形围绕瞳孔的虹膜，也叫彩帘。虹膜内有环形肌和辐射肌控制瞳孔的大小，当环形肌（缩孔肌）收缩时，瞳孔缩小；当辐射肌（放孔肌）收缩时则瞳孔放大。所以，在人眼光学系统中，瞳孔的作用好似照相机的"光圈"。它的大小可自动控制，随光线强弱而变化，光弱时增大，光强时缩小。

（三）晶状体

晶状体又称水晶体，它像一只洋葱一样由许多薄层组成，由睫状肌控制。它相当于凸透镜，睫状肌绷紧和放松运动，使凸透镜的曲度时而变薄，时而变厚，从而起到自动调节焦距的作用，保证远近距离不同的物体在视网膜上有清晰的影像。假如眼睛处于病态，水晶体自动调节焦距的功能失调，聚焦点会投落在视网膜壁较前或较后的地方，落在网膜前面为近视眼，落在网膜后面为远视眼。所以，患近视或远视眼疾者只能借助眼镜的调节才能保证视觉的清晰。

水晶体这个相当于凸透镜的曲率变化并非无限度，过于靠近眼睛的物体，它的成像不能投落到视网膜上，因此，也就看不见了。水晶体以及控制水晶体的肌肉弹性随着年龄的增长而逐步老化，调节功能也随年龄的增长而降低。水晶体含有的黄色素也随年龄的增长而增加，因此，老年人的视觉功能和色彩感觉都会因视觉器官的老化而受影响。

（四）视网膜

眼球壁有三层膜：纤维膜、血管膜、视网膜。视网膜为最内一层。

视网膜上分布有两种视觉细胞，如果以形状命名，有杆状的视杆细胞和锥状的视锥细胞。视杆细胞专司明暗，对弱光的刺激具有高度的感受性，是夜视的感受器，但它不能分辨颜色；视锥细胞只在强光下反应灵敏，它具有颜色的辨别功能，是昼视和色觉的感受器。两种视觉细胞在受光刺激以后，转变为神经冲动，然后沿着神经传入大脑，构成明暗和色彩的视觉。

（五）黄斑与盲点

视网膜在视神经出口处，没有视觉细胞，故不能感受光的刺激，称为"盲点"。另外，正对瞳孔处为"黄斑"，其中有一个浅凹，是视觉最敏感的区域，其位置刚好在通过瞳孔视轴的方向，是圆锥细胞和圆杆细胞最集中最丰富的地方。我们注视物体觉得非常清楚，是因为影像刚好射投到黄斑的关系。盲点在黄斑下面，它虽然是神经集中的部位，但是由于缺少视觉细胞，所以不能认识物体的影像和色彩。

（六）视觉过程的描述

视觉过程为光线→物体→眼睛→大脑→视知觉。假设把人的眼睛比作照相机的话，那么，水晶体相当于镜头，水晶体通过悬韧带的运动可以自动调节光圈，玻璃体相当于暗箱，视网膜相当于底片。当人眼受到光的刺激后，通过水晶体投射到视网膜，视网膜上视觉细胞的兴奋与抑制反应又通过视神经传递到大脑的视觉中枢产生物像和色彩的感觉。

二、光与视觉

（一）光的作用

阳光、空气、水创造了生命，创造了世界。阳光是人类赖以生存的基本物质条件。阳光普照万物，一部分光被物体吸收转换为热能，另一部分光被物体反射或透射，进入人们的眼睛，使人看到了光明和五彩缤纷的色彩。所以，光既是人类生存的第一需要，又是人类通过视觉反应认识外部世界的必备条件。

（二）光与视敏度

眼睛对于光的敏感程度称为视敏度。视敏度与照明度有关，随着明度的增大而增大，在光线不足的环境下，视觉分辨能力会迅速下降。眼睛能够感觉的光波波长为380～780 nm，低于380 nm的紫外线和高于780 nm的红外线均不能感觉。在可见光谱范围内，眼睛对不同波长的光感受性也不同，视觉生理正常的人对光谱中波长为555 nm左右的黄绿光最为敏感，对波长高于或低于555 nm的光视敏度都会降低，越是趋向光谱两端，视敏度越是降低。眼睛对红外光和紫外光均无视敏度（图5-2）。

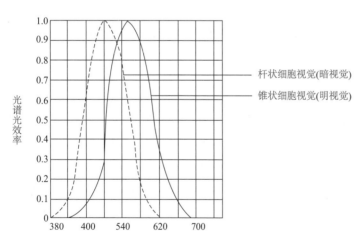

图5-2 视敏度比较曲线

（三）光与视度

视度就是指观看物体的清楚程度。为了保证眼睛能看得见、看得清楚，首先要有光，但是仅仅是微弱的光量，眼睛辨别物体的清晰度仍会发生困难，说明视度与光量有关。其次，视度还与物体的视角、物体和其背景间的亮度对比、眼睛与物体的视觉距离，以及眼睛观察的时间长短等因素有关。

第二节　纺织品图案的色彩学原理

一、纺织品图案设计的主色调

（一）主色调的概念及种类

纺织品图案设计的主色调是指产品最终形成的主要色彩倾向，它是保证产品整体性和统一性的主要因素。主色调设计得好与坏，直接关系消费者是否愿意购买该产品，以及厂商的经济效益。因此，纺织品图案设计中主色调的把握应该是设计者值得高度重视的问题。

根据色彩的特性来看，主色调可以有多种类别。

（1）按色相来分，可呈现出多种色调，有红色调、蓝色调、紫色调、绿色调等，它们是根据某种色相的色彩在整个纺织品图案中占较大比例来命名的，如绿色调就是因为绿色在画面中比例较大（图5-3），其他色调依此类推。

（2）按明度来分，可分为明亮色调、中间色调和暗色调（图5-4~图5-6），它们分别是以高明度色彩、中明度色彩和低明度色彩为主，如浅黄色调、中绿色调、暗红色调等。

（3）按纯度来分，可分为艳色调、灰色调和纯灰色调，它们是根据彩色成分的多少来分类的，艳色调含有彩色成分较多，其特点是艳丽、鲜明强烈（图5-7）；灰色调含有彩色成分较少，其特点是温和、稳定、雅致（图5-8）；纯灰色调是由无彩色所组成，它给人的感觉是别致和时尚（图5-9）。

（4）按色彩冷暖来分，可分为冷色调、中性色调和暖色调（图5-10~图5-12）。冷色调给人清凉感，中性色调给人舒适感，暖色调给人温暖感。在不同的季节选用不同色调的印花产品，可以给人们带来心理平衡。当然，在配色的过程中，也可以综合运用以上类别的色调，以产生更加丰富的色彩效果。

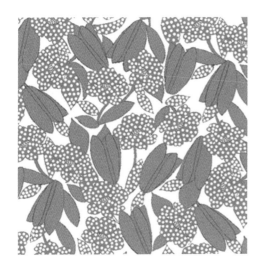

图5-3　绿色调纺织品图案

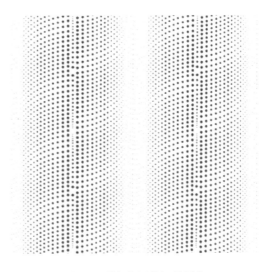

图5-4　明亮色调纺织品图案

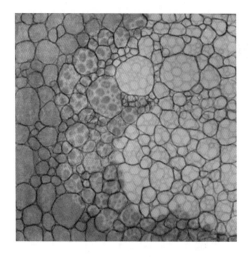

图5-5 中间色调纺织品图案

图5-6 暗色调纺织品图案

图5-7 艳色调纺织品图案

图5-8 灰色调纺织品图案

图5-9 纯灰色调纺织品图案

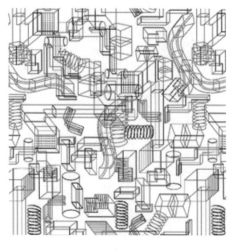

图5-10 冷色调纺织品图案

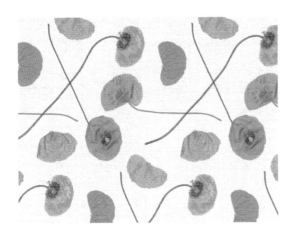

图5-11 中性色调纺织品图案　　　　　　　图5-12 暖色调纺织品图案

（二）决定主色调的相关因素

纺织面料的色调随着地域、季节、使用对象、性别、年龄、职业、风俗习惯和个人审美情趣的不同而千差万别。设计人员在配色之前，应该对以上因素进行周密考虑，分析并决定主色调，使色调的选用具有很强的针对性，符合消费人群的口味。

一般来说，不同的国家、民族与地区的人们会有不同的喜爱色与禁忌色，如绿色在信奉伊斯兰教的地区很受欢迎，因为它是生命的象征，而在某些西方国家则是嫉妒的象征，所以，设计师要根据纺织产品的销售地而有目的地选择主色调。不同的季节，人们在挑选纺织产品时，也会对色调着重考虑。因为夏季天气炎热，一般不会挑选红色调的床上用品，而冬天恰好相反，为使卧室感觉温馨、温暖，较多的人会选择暖色调的床上用品，以求得心理上的平衡（图5-13）。风俗习惯也是影响主色调的因素之一，红色在中国是喜庆色，所以，在设计婚庆产品时，包括礼服、床上用品等，红色调无疑成为首选色调（图5-14）。同样，性别、年龄、职业和个人审美情趣不同的人，也会有自己钟爱的色调，男性一般喜爱比较沉稳、端庄的灰色调和深色调，而大多数女性喜爱漂亮、亮丽的艳色调和明色调。儿童对鲜艳的黄色、红色等很感兴

图5-13 暖色调家纺产品　　　　　　　图5-14 红色调婚庆家纺产品

趣,中老年人则会因为丰富的生活阅历而喜欢沉稳的色调和能展现自己个性的色调。总之,综合考虑以上因素,有目的地安排主色调,印花产品才能迎合市场需求。

(三)主色调的要素及相互关系

纺织品图案的主色调由基色、主色、陪衬色和点缀色等要素组成,这些色彩相辅相成、互相作用,在画面上形成一定的对比、调和和主次关系,合理处理它们之间的关系,就能获得满意的主色调,给图案增添无限魅力。

1. 基色

基色是指纺织品图案中最基本的色彩,一般也是指面积最大的底色(底色面积较小的满地花图案除外),它对主色调的形成起决定作用。为了使图案的主体花纹突出,通常在处理"地"与"花"的关系时,采用深地浅花与浅地深花两种形式(图5-15、图5-16)。此处的"深"与"浅"是相对的,明度差距越大,对比越强,主体花纹越突出;明度差距越小,对比越小,主体花纹越隐蔽,整体效果越柔和。无论怎样,基色的选定比较重要,不能喧宾夺主,因为它是用来衬托图案主体部分的,基色一旦确定,主色、陪衬色和点缀色都要与之相协调。

图5-15　浅地深花纺织品图案　　　　　图5-16　深地浅花纺织品图案

2. 主色

主色是用来表现主体形象的色彩。纺织品图案的主要题材有植物(包括最常见的花卉)、动物、人物、风景、几何形等,这些题材就是图案中的主体形象,它们的色彩也就是主色,如图5-17、图5-18所示中主花型的红色、蓝绿色就是该图案中的主色,在画面主色调的确定中起到了主导作用。相对于底色来说,主色一般色彩鲜明醒目,能够很好地突出画面中的主体形象。

3. 陪衬色

陪衬色是用来陪伴衬托主体形象的色彩。从另外一个角度来讲,陪衬色也可以理解为联系基色与主色的中间色彩。因为前面已经讲了,一般情况下,基色就是底色,主色就是花色,那么陪衬色就是中间层次的过渡色彩。在纺织品图案设计中,如果基色与主色对比过强

图5-17　红色主花型纺织品图案　　　　图5-18　蓝绿色主花型纺织品图案

或太弱，陪衬色的合理选择可以弥补这个缺点，在画面上起到很好的调节作用。如图5-19所示中底色与花色对比很弱，如果没有枝叶和小簇花色彩的陪衬，主花就很难突出。

　　另外，陪衬色与主色之间可以理解为宾主关系，主色占支配地位，陪衬色处于从属地位，设计时两者应该宾主分明，相互依存。

　　4. 点缀色

　　点缀色是根据特定需要装饰在画面适当部位的小面积色彩。点缀色一般与其他色彩反差较大：要么色相差别大，使用对比色或互补色；要么明度差别大，使用高明度或低明度色；要么纯度差别大，使用艳色点缀灰色或使用灰色与无彩色点缀艳色，如图5-20所示就是采用色相差较大的黄色点缀紫色调画面，使图案更具生机。点缀色成点状或线状分布在纺织品图案中，可以活跃画面气氛，起到画龙点睛的作用。

图5-19　黑色突出花型与底色的反差　　　图5-20　黄色作为点缀色的纺织品图案

　　正确地处理基色、主色、陪衬色和点缀色之间的关系，可以使纺织品图案具有明确的主色调，获得既对比又调和，既统一又有变化的整体配色效果。

（四）形成主色调的具体方法

主色调在纺织品图案的整体效果中起着举足轻重的作用，设计者在具有较强造型能力的基础上，还要熟练掌握主色调的形成方法，这样才能设计出造型优美、色彩和谐的纺织印花产品。形成纺织品图案主色调的具体方法主要有以下几种。

1. 使用单色形成主色调

使用单色形成明显的主色调，即在设计时只使用一种色相，但在此色相中加入不等量的黑色或白色可以形成明度不一的多种色彩，组合起来可获得既整体、统一而又层次丰富的单色调（图5-21）。

2. 使用邻近色和类似色形成主色调

因为邻近色和类似色色相差距不大，很容易取得调和，它们的搭配是形成主色调的常用方法。但这种方法存在一个常见问题，就是色彩过于暧昧，主体形象不突出，解决办法是采用合适的其他色彩隔离，使得表现对象明朗清晰（图5-22）。

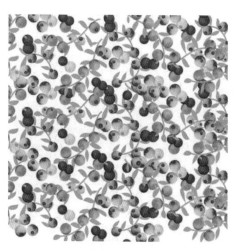

图5-21　单色主色调纺织品图案　　　　图5-22　邻近色主色调纺织品图案

3. 调整色彩面积形成主色调

如果图案中有几种色彩互相冲突，难以呈现出主色调，设计者就要有意识地扩大某种色彩所占的面积，相应缩小其他色彩的使用面积，这样才能主次分明，获得主要色彩倾向。

4. 调整色彩的纯度和明度形成主色调

当画面上色彩反差过大时，很难取得统一的主色调，改变色彩的相关属性，即提高或降低色彩的纯度或明度，可以达到色彩协调统一的效果。如图5-23所示红色和绿色本为互补色，但设计者改变了两色的明度、纯度，使得画面色彩统一和谐。

5. 加入同一色彩形成主色调

在图案的某些色彩中或多或少地加入同一色彩，就能达到你中有我、我中有你的整体主色调。

6. 穿插使用色彩形成主色调

主要方法是使用同一色彩元素对整幅图案勾边处理，勾线时注意粗细、疏密、曲直、长短、虚实等变化，使画面中各色块形成连贯、整体的色彩效果（图5-24）。

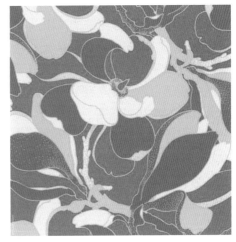

图5-23 协调的互补色纺织品图案　　　　图5-24 粉色勾边的纺织品图案

总之，分析并把握主色调形成的规律与方法，是纺织品图案设计中不可忽视的重要方面。在纺织品图案设计的配色过程中还会遇到很多问题，需要大家不断尝试和总结经验。

二、色彩与图案的关系

色彩的配置与图案是相辅相成互为衬托的。配色前必须充分掌握图案特点，在配色时要保持和充分发挥图案的风格，并能运用色彩弥补图案中的不足（图5-25、图5-26）。

图5-25 色块增加花卉图案变化　　　　图5-26 色点增加波点图案变化

（一）色彩与图案结构布局的关系

当图案的块面大小恰当、布局均匀、层次分明、宾主协调时，配色不仅要保持原来的优点，还要进一步烘托，使花地分明，画面更完整。若图案中布局不匀、结构不严、花纹零乱时，配色时就要加以弥补，一般宜用调和处理法，即适当减弱鲜艳度和明度，采用邻近的色相和明度，使各种色调和起来，借以减弱花样的零乱感。色彩配置时，也应减弱鲜艳度和明度，以便掩盖花纹档子。

（二）色彩与花纹处理手法的关系

当花纹为块面处理时，在大块面上用色，其彩度和明度不宜过高，而在小块面上宜用点缀色，即鲜艳度和明度较高的色彩，具有醒目作用。根据色彩学概念，同面积的暖色比冷色感觉大，同面积的白色比黑色感觉大。这是因为色彩的膨胀感而造成的错觉。在绸缎配色时也可以结合具体花纹加以运用，如在暖色调为主的绸面上，对大块面花纹宜配暖色，虽然暖色有膨胀感，但因受其周围暖色的协调作用，也就不显其大了；如果在中性地色（黑、白、灰）上欲使花纹丰满，则大块面花纹上同样宜用暖色。

当花纹为点、线处理时，如果点子花是附属于地纹的，其色彩宜接近地色；如果点子花是主花，则因点子面积小而又要醒目，宜配鲜艳度、明度高的色彩。

如果花纹为点、线处理时，如果点子花是附属于地纹的，其色彩宜接近地色；如果点子花是主花，则因点子面积小而又要醒目，宜配鲜艳度、明度高的色彩。

如果图案是以线条为主的，因线条面积小，用色以鲜艳度、明度高为宜。当图案上的线条呈密集排列时，这时线条的色彩在画面上起主导作用，当线条为浅色时，图案也配浅色；反之，线条为深色时，图案配深色。花纹上包边线条的色彩，宜取花、地两色的中间色，以求色的衔接协调。

对于影光处理的花朵来说，影光色要鲜艳。如在白色上渲染大红、在泥金上渲染枣红或在白色上渲染宝石蓝等。总之，两色的色度相距要大，以使影光效果更好。

（三）色彩与图案题材、风格的关系

纺织品图案风格极为丰富，有写意、写实花卉、几何图形、文物器皿、金石篆刻、风景、人物、动物抽象图形、各种民族传统纹样、外国民族纹样等。各种花样都依附于它的内容而组成各种不同的风格，配色也在各个不同的题材风格上创作出各种生动的色调。例如：生动活泼的写意花卉宜配明快、优雅的浅色调；灵活多变的装饰图案花，可以配置多种色调；外国民族纹样可以配置西方色彩；抽象图案的配色可带点梦幻色彩；中国民族风格图案的配色，应在传统配色的基础上有所发展，采用浓郁对比法，如红色调宜用大红、枣红，不宜用浅玫瑰红、西洋红，绿色宜用墨绿，不宜用草绿、鲜绿，蓝色宜用宝蓝，不宜用皎月、湖蓝等。总之，鲜艳度要高，色感要庄重（图5-27、图5-28）。

一般来说，粉红、浅绿、浅蓝、浅紫等色调，使人有一种轻松、活泼的感觉，黄色调则使人有一种温暖、亲切的感觉，大红色富有热烈、欢快的气氛，而棕色、墨绿、藏青等色调给人以端庄、稳重、浓郁的感觉，黑、白、金、银等色另有一种高贵之感。由于色彩的各种属性，因此，可以巧妙地配置在各种情趣花样上。对过于动荡的图案不宜再配大红、大绿等欢乐色彩，宜用蓝色、紫色等冷色调和中间色调起安静、稳定作用。对秀丽、纤细的图案宜配浅紫、银灰、粉红、淡蓝等色调，以增加幽雅、肃静的情调。风景图案宜用多种色调变幻。在大色调的组成中，可以蓝、绿、青、紫等组成冷色调，以红、黄、橙、咖啡色等组成暖色调。在不破坏大色调的前提下，可适当地在冷色调中加入少量的暖色，或在暖色调中加入少量的冷色，这样可以起到点缀、丰富画面的作用（图5-29、图5-30）。"万绿丛中一点

红"，这时的红色会显得格外鲜艳。总之，纺织品图案的配色千变万化，以上只是一般配色规律。

图5-27 浅色调的写意花卉纺织品图案

图5-28 浓郁色调的中国民族风格图案

图5-29 暖色调中点缀冷色

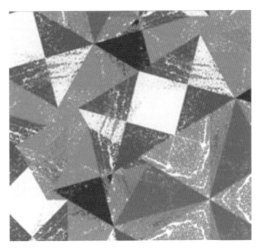

图5-30 冷色调中点缀暖色

三、色彩与织物组织的关系

各种不同的组织对不同的色也会产生不同的明度和色度，例如，大红色在缎纹上呈大红，泥地上次于大红，在平纹上色光更暗些，乔其纱上大红就像绯红。因此，配色时必须考虑各种组织的影响。

（一）色彩与平纹的关系

平纹或变化平纹因经纬交织多，因此，对色彩的影响也最大。如单经单纬的平纹组织，经色配蓝，纬色配红织成的绸就闪现紫色（图5-31）；经色配蓝，纬色配黄，织成的绸就闪现绿色。这是由于两种色彩互相影响的结果。

在平纹色织格子绸上配色时，要避免出现横条过亮的毛病，因为一般经丝比纬丝细，所以，经丝呈现的色光要比纬丝弱，结果产生横条色光过亮的毛病，其解决办法有两种：一是在配色时采取经丝色彩的鲜艳度、明度比纬丝高；二是增加经密，以加强经丝的色光。

（二）色彩与泥地组织的关系

由于泥地组织的经纬浮点呈不规则排列，配色时，应根据这一特点采用闪色处理效果较好，从配色实践中可知：配闪色时，经色宜深不宜浅；深色经配深色纬或深色经配中浅色纬，闪色效果一般都较好。反之，浅色经配中深色纬，其闪色效果一般都不好，其原因还是经丝比纬丝细，因此，经呈现的色光就比纬丝弱，即使经纬同色也是纬亮经暗，所以，纬色要在深色经的衬托下闪光效果才好，犹如星星在暗蓝色的夜空中闪光一样（图5-32）。

图5-31　紫色闪花绸图案

图5-32　泥地亮光花缎

（三）色彩与斜纹的关系

斜纹组织在绸面上的色彩光泽介于平纹与缎纹组织之间，一般色泽较好。在两种色彩的交织中，因其交接点多于缎纹组织，如果经纬色差太远，绸面色彩就会发花，色纯度下降（图5-33）。

（四）色彩与缎纹的关系

缎纹组织的特点是色丝在绸面上的浮长比任何组织多，所以，色光容易显露。缎纹组织的配色要保持缎面的色纯度，因此，与经丝交织成缎面的纬丝，其色彩必须与经色接近（图5-34）。

（五）色彩与经纬密度的关系

经纬色丝在未交织时颜色都很鲜明，一经交织就会发现色彩不如原来那样鲜明，某些品种的色彩则变化更大，这是因为经纬密度影响了色彩的效果。比较三种织物的色彩，纬三重的织锦缎和古香缎，其纬密分别为102 根/cm及78 根/cm；纬二重的古锦缎，其纬密为30 根/cm。这三种织物表现在织物表层的纬密则分别为34 根/cm、26 根/cm、15 根/cm，显然，色彩在古锦缎上的表现效果最差。假如在织锦缎上配淡黄色能恰到好处，那么，在古锦缎上就非配金黄不可，也就是说，在这类织物上，配色要增加一倍的鲜艳度才能达到预期效果。

图5-33 斜纹提花绸　　　　　　　　　图5-34 金玉缎

第三节 纺织品图案色彩的心理学原理

一、色彩的作用与心理反应

由于人的视觉对于色彩有着特殊的敏感性，因此，色彩所产生的美感魅力往往更为直接。具有先声夺人的力量的色彩是最能吸引眼球的诱饵，人们在选择服装时，无论男女老幼，视觉的第一印象乃是色彩的感觉，所谓"远看色彩近看花""七分颜色三分花"，显然，色彩在纺织艺术中具有十分重要的美学价值。

现代色彩生理、心理实验结果表明：色彩不仅能引起人们生理、心理的视知觉，而且能唤起人们各种不同的情感与美感。不同的色彩配合能形成热烈兴奋、欢庆喜悦、华丽宝贵、文静典雅、朴素大方等不同情调。当纺织品配色所反映的情趣与人们所向往的物质精神生活产生联想，并与人们的审美情绪发生共鸣时，也就是说，当色彩配合的形式结构与人们审美心理的形式结构相对应时，人们将感受到色彩的和谐与愉悦，并产生强烈的色彩美化的欲望和购买的动机。

人们对色彩世界的感受实际上是多种信息的综合反应。它通常包括由过去生活经验所积累的各种知识，色彩感受并不限于视觉，还包括其他感觉的参与，如听觉、味觉、触觉、嗅觉，甚至还有温度和痛觉等，这些都会影响色彩的心理反应。也就是说，一个文化人对于彩色物体的视觉，绝对不限于视觉刺激的单一的光波本身，而必然带有理解物体色彩的文化特征。总之，色彩知觉超越了色彩感觉所提供的视觉信息，因此，色彩心理研究的内容十分广泛。纺织品图案色彩设计师为了赋予色彩更大的魅力，充分了解不同对象的色彩欣赏习惯和审美心理是十分必要的，只有掌握了人们认识色彩和欣赏色彩的心理规律，才能合理地使用色彩装饰美化人们的生活。

色彩心理与年龄的关系根据实验心理学的研究，婴儿大约在出生后一个月就对色彩产生感觉，随着年龄的增长、生理发育的成熟以及对色彩认识、理解能力的提高，由色彩产生的心理影响随之产生，有人做过统计，儿童大半喜欢极鲜明的颜色，红和黄两色是一般婴儿的偏好。四至九岁的儿童最爱红色，九岁以上的儿童最爱绿色。如果要求七至十五岁的小学生把黑、红、青、黄、绿、白六种颜色按照嗜好列出次第的话，男生的平均次第为绿、红、青、黄、白、黑；女生的平均次第为绿、红、白、青、黄、黑。绿与红为共同喜爱之色，黑普遍不受欢迎。婴儿时期的颜色感觉可以说全是由生理作用引起的，随着年龄渐长，生活联想的作用便掺入进来，例如，生活在乡村的儿童喜爱青绿色，其原因是青绿色与草木植物的联想有关，女孩比男孩较爱白色，是由于白色容易与清洁产生联系；到了青年和中老年时期，由于生活经验和文化知识的丰富，色彩的喜爱除了来自生活的联想以外，还有更多的文化因素。

现代色彩科学理论是纺织品图案色彩设计的理论基础。任何纺织品的色彩感觉都是光作用于视觉器官的一种反应，构成这种反应必须具备三个最基本的条件，即光、物、眼，三者缺一不可。不同波长的光投射到纺织品上，有一部分波长的光被吸收，一部分波长的光被反射或透射出来刺激人的眼睛，经过视神经传递到大脑，形成纺织品的色彩信息。色彩科学理论证明一切色彩感觉都是客观物质（包括光和物体）与人的视觉器官交互作用的结果，是主观和客观碰撞的反应。因此，光源的光谱成分、物体的物理特性（客观因素）和人的视觉生理机制（主观因素）中任何因素的变化都将产生不同的色彩感觉。当人受到某种色彩刺激产生生理活动的同时，还伴随着心理活动和精神活动，相同的器物、相同的环境，进行不同的色彩装饰，能引起人们不同的心理反应和美感情绪。由于人们在长期的生产实践和社会实践中形成了对"不同"的理解和感情上的共鸣，因此，不同的色彩会带给人或华丽、朴素、雅致、秀美、鲜明、热烈或喜庆、欢乐、愉快、舒适、甜美等各种不同的感受。色彩设计以人为本，不同的时代、不同的民族以至不同的人，由于生活方式的改变，地理环境的不同，文化教养、风俗习惯的区别，对色彩有着不同的审美标准和情趣。因此，纺织品图案色彩设计的研究涉及色彩物理学、色彩生理学、色彩心理学、色彩美学等科学理论。同时，纺织品图案色彩以纺织物为载体，必然受到纺织材料和生产工艺的制约。因此，色彩设计还涉及染料化学、印染、织造工艺等科学技术，总之，纺织品图案色彩设计是一门具有交叉性、综合性的学科。

二、色彩心理与民族地区的关系

各个国家、各个民族由于社会、政治、经济、文化、科学、艺术、教育、宗教信仰以至自然环境和传统生活习惯的不同，表现在气质、性格、兴趣、爱好等方面是不相同的，对色彩也会各有偏爱。

美国大学生偏爱白、红、黄三色；英国男子喜爱颜色的次序为青、绿、红、白、黄、黑，女子的次第为绿、青、白、红、黄、黑。

红色在中国和东方民族中被象征为喜庆、热烈、幸福，是传统的节日色彩，妇女结婚、节日庆祝都喜欢用红色装饰。

同样的绿色，在信奉伊斯兰教的国家里是最受欢迎的颜色，因为绿色是象征生命之色；可是在有的西方国家里却因含有嫉妒的意思而不受欢迎。

黄色在中国封建社会里被帝王所专用，是尊贵和权威的象征，普通百姓是不准使用黄色的；在古代罗马，黄色也曾作为帝王的颜色而受到尊重。但是黄色在基督教国家里被认为是叛徒犹大的衣服颜色，是卑劣可耻的象征；在伊斯兰教中，黄色是死亡的象征。

有的色彩家还认为，色彩心理与地区自然环境有关，处于南半球的人容易接受自然的变化，喜欢强烈的鲜明色；处于北半球的人对自然的变化感觉比较迟钝，喜欢柔和暗淡的色调。

即使是同一地区、同一民族，由于居住环境的不同，对色彩的喜爱也有区别。就我国的农村与城市比较而言，在农村，特别是北方农村，由于气候条件的影响，风沙很多，室内采光条件不足，居住环境比较灰暗，农民一般要求装饰色彩鲜明，所谓颜色要"足"，红一定要红"透"，绿也要绿"透"；而城市居民就不一样，城市建筑采光条件较好，但住户面积较小，人口密集，城市噪声、紧张的工作，容易使人产生疲劳，因此，室内装饰色彩除小件的装饰品色彩比较鲜明以外，一般都讲究文静、雅致。我国是一个多民族的国家，对色彩的喜爱和忌讳在各民族也有差别。

第四节　流行色的应用

一、流行色

（一）流行色的概念

流行色（fashion color）是指某地域在某段时间内被大众所接受和喜好的时尚、时髦的色彩。它是在某种社会观念指导下，一种或数种色相和色组迅速传播并盛行一时的现象，是政治、经济、文化、环境和人们审美心理活动等因素的综合产物，在不同时期表现出不同的主流色彩。流行色起源于欧洲，以法国、意大利、德国等国为中心区域。

流行色预测是一门综合性学科，它涉及时事背景、自然气候、审美心理、民族地域等诸方面因素，并需总结上一季的流行色谱以此确定完成。国际流行色的预测由总部设在巴黎的国际流行色协会完成，国际流行色协会每年都会两次召集各成员国进行国际流行色的预测，提案、讨论并选定未来18个月的春夏或秋冬的流行色彩。

（二）流行色发布机构

1. 国际时装和纺织品色彩委员会

"国际时装和纺织品色彩委员会"的英文全称为"International Commission for Color in Fashion and Textiles"，简称为"Inter Color"。为了方便使用，国内常将该机构称作"国际流行色委员会"。1963年，由英、德、荷兰、奥地利、西班牙、比利时、保加利亚、日本等十多个国家于巴黎联合成立。其宗旨和原则是在纺织品和时装色彩范围内进行国际协作与研究。总部设在法国巴黎，属于非盈利性专业流行色组织。

第一届国际时装和纺织品色彩委员会于1963年9月9日在法国巴黎举行。现为每年6月初和12月初分春夏与秋冬两次召开专家委员会会议，预测和制订未来18～24个月后的国际流行色卡，指出国际性色彩总流行趋势。但成果不对外公开发布，只提供给会员国参考。中国于1983年2月以中国丝绸流行色协会（中国流行色协会前身）名义正式加入该组织（图5-35）。

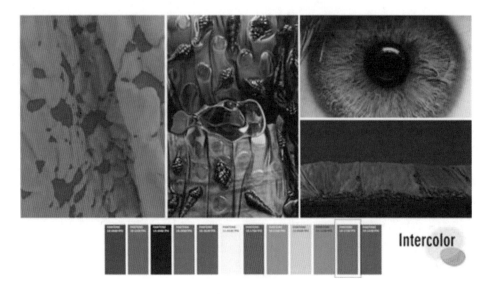

图5-35　国际时装和纺织品色彩委员会发布的2019/2020秋冬流行色彩趋势

2. 美国色彩协会

"美国色彩协会"的英文全称是"The Color Association of the United States"，简称"CAUS"。其前身为成立于1915年的美国纺织品色卡协会，英文简称"TCCA"。1995年更名为美国色彩协会，总部设立于美国纽约。CAUS不单是世界上成立的第一个专业流行色机构，而且还于1917年发布了世界上第一个流行色趋势色卡，因此，在国际流行色领域占有重要地位（图5-36）。

图5-36　美国色彩协会发布的2009/2010秋冬女装色彩趋势

3. 日本流行色协会

"日本流行色协会"的英文全称为"Japan Fashion Color Association",简称"JAFCA"。该协会成立于1953年,总部设在东京,1958年由日本经济产业省正式管理,成为日本公益立场上活跃着的唯一与流行色相关的预测信息机构。日本流行色协会早期主要从事纺织品和服装领域的色彩预测活动。不过,随着日本纺织产业大量转移到海外,以及其他行业时尚化的快速发展,汽车、化妆品、美容美发、建筑、化工等领域也成为日本流行色协会主要的色彩预测领域,其中许多企业也成为其会员单位(图5-37)。

图5-37 日本流行色协会发布2020年色彩趋势

4. 英国WGSN公司

英国的"全球风格网"的英文全称为"Worth Global Style Network",简称"WGSN"。1998年,由Julian和Marc Worth先生创建,总部设立于伦敦。WGSN是一家以在线时尚咨询形式专为时尚、服装、潮流和零售等各行业提供最具创意潮流资讯和商业信息的权威资讯公司。

WGSN较其他欧洲老牌时尚趋势公司起步晚,然而,它能够一跃而起迅速发展成为21世纪时尚咨询行业的领军者,不只与其充分发挥了现代高科技(网络)传播信息的优势,而且还与世界各地的时尚专家建有庞大信息网络,同时,每日还以"WGSN日报(WGSN Daily)"形式为客户提供时尚领域的最新报道。这些做法与特点对于传统模式的时尚传媒来说都是匪夷所思、望尘莫及的,因此,对其形成了巨大冲击(图5-38)。

图5-38 WGSN发布2020春夏流行色趋势

5. 美国PANTONE公司

PANTONE公司是一家专门开发和研究色彩而闻名全球的权威机构，总部位于美国新泽西。1953年，PANTONE公司的创始人Lawrence Herbert开发了一种革新性的色彩系统，可以进行色彩的识别、配比和交流，从而解决在制图行业有关制造精确色彩配比的问题。1963年，PANTONE 色彩研究中心成立，其提供的色卡拥有精确的颜色范围，方便用户管理、选择、配比色彩。是享誉世界的涵盖印刷等多领域的色彩沟通系统，已经成为事实上的国际色彩标准语言。PANTONE色卡的客户来自于平面设计、纺织家具、色彩管理、户外建筑和室内装潢等领域。作为全球公认并处于领先地位的色彩资讯提供者，彩通色彩研究所也是全球最具影响力媒体的重要资源。因此，PANTONE公司每年发布的年度流行色也自然成为时尚界的流行风向标（图5-39）。

图5-39 PANTONE发布2018年度流行色

6. 法国第一视觉面料博览会

法国"第一视觉面料博览会"的英文全名为"Premiere Vision"，简称"PV"，创建于1973年。1980年时就已经聚集了700家欧共体的纺织厂家。到了2002年，非欧洲的纺织企业也开始大量涌入该博览会。截至2019年，PV因拥有2000家国际知名的纺织厂商参展，故成为世界上首屈一指的国际面料博览会。该展会每年分两次举办，即2月的"春夏面料展"和9月的"秋冬面料展"，并且仅对专业观众开放。据悉，每年有4万多名来自100多个国家和地区的专业人士和欧洲最负盛名的制造商在此相聚。由于该博览会在国际上具有至高的声誉和参展面料都为各生产厂家研发的最新产品，而且还是各种流行趋势汇聚与融合之地，为此，PV在国际纺织品领域有着流行趋势"气象台"的称谓（图5-40）。

7. 德国法兰克福家纺博览会

德国"法兰克福国际家用及室内纺织品展览会"的英文简称为"Heimtextil"。该博览会创办于1971年，由世界顶级展览会公司之一的德国法兰克福展览公司主办，每年1月在"德国法兰克福展览中心"举行，为期4天，也是目前世界上规模最大、成交最好、声誉最高的国际顶级家用纺织品展览。展览内容包括与家用纺织品相关的产品，如窗帘及窗帘轨遮阳篷、床上用品、毛巾、浴室及卧室用品、厨房用耐热手套、墙纸、墙布、壁毯、家纺图案设计、地毯及铺地材料、装饰面料、桌上纺织品、纺织纤维及纺纱等。到2020年为止，该展会每年都吸引了来自70多个国家和地区的2700多家厂商参展，到会客商达10万余人次（图5-41）。

图5-40　PV博览会及色彩趋势报告

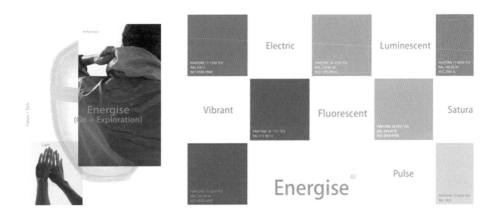

图5-41　2016/2017法兰克福家纺博览会发布家纺流行色

8. 中国流行色协会

中国流行色协会是中国科学技术协会直属的全国性协会。1982年在上海成立，原称"中国丝绸流行色协会"，1983年代表中国加入国际流行色委员会。协会的定位是中国色彩事业建设的主要力量和时尚前沿指导机构，业务主旨为时尚、设计、色彩。服务领域涉及纺织、服装、家居、装饰、工业产品、汽车、建筑与环境色彩、涂料及化妆品、美术、影视、动画、新媒体艺术等相关行业。中国的流行色由中国流行色协会制定，是在参考国际流行色的基础上结合国内的具体情况而测出的色彩流行趋势（图5-42）。

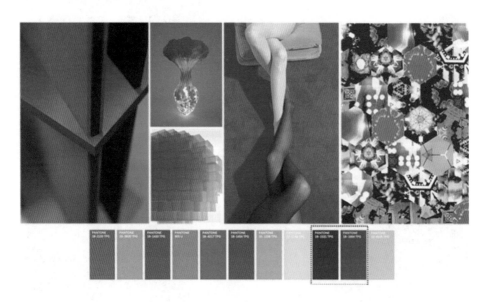

图5-42　中国流行色协会发布2019年家居流行色

此外，在国际流行色预测领域，拥有较高声誉的色彩趋势报告还包括国际羊毛局、法国色彩学会、法国Peelers公司、美国纺织品色彩协会等。此外，还有《国际色彩权威》、*Hereandthere's Color*、*Chiron's Color*等权威色彩期刊，供纺织品设计领域参考研究。

二、纺织品图案设计中流行色的特点与作用

流行色呈周期性变化，从产生到发展，一般经过始发期、上升期、流行高潮期和逐渐消退期四个阶段。其中，流行高潮期称为黄金销售期，持续时间一般为1～2年。流行色以纺织品行业最为敏感，特别是在服装行业，它的流行周期很短，四个阶段的总时间为5～7年。因此，充分理解流行色的特点对纺织品图案设计配色思路和效果产生很大帮助。其特点主要有以下几点。

1. 时效性

事实上，任何流行的事物均有一定的时间性。如果将流行色的时效性特征进行基本界定的话，不妨将其定义为"在不同的时间段内，由于受社会大环境或者其他因素的影响，生产者、经销者会结合消费者和市场需要而有组织地开发与主销不同的颜色"。

总体上讲，流行色的"时效性"主要是与流行周期关系密切。在20世纪50年代，一个时

装设计师要召开一次发布会需要准备一年的时间，等设计产品进入市场流通环节还需要一两年的时间，这无疑延长了产品的流行生命周期。然而，到了20世纪末，一种颜色或者色调的流行生命周期或许能够延续3~5年。而进入21世纪后，随着生活节奏的加快以及交通、信息传播的快捷，流行信息的传播和应用速度已经变得更快。

2. 普及性

以往，人们关于流行色的印象主要集中于服装领域，其实，今天的流行色早已经渗透到人们衣、食、住、行、用、赏各个层面，如日本色彩权威下川美知就曾这样说过："流行色不是在某个特定领域流行，而是在不同的领域同时出现相同的颜色。"而有着"美国色彩大师"之誉的莱丽斯·伊丝曼女士就此现象坦言："无论是国际流行色，还是美国本土设计师偏好的颜色，那些最新流行的颜色都将不可避免地、极大地影响室内家居装饰的颜色选择、汽车设计的色彩选择，以及所有的生活消费品，包括消费品的包装、广告、网站，甚至零售环节的色彩。"流行色应用的普及性由此可见一斑。

3. 周期性

在现代词典中，"周期"一词常常是指事物在运动过程体现出的"周而复始、循环反复"的特征。生活中，存在各种周期，最常见的就是自然界的日夜交替、股票的升降更替等现象。而在流行色领域，一旦一种颜色被消费者接受，就会很快汇成时尚的主流。不过，随着时间的推移，人们对这种色彩的爱好心理也会减弱，并随之被新的色彩替代，过一段时间后，被替代的颜色又可能会卷土重来，并且再度成为时尚领域的领军色彩。这一变化揭示了色彩自身具有很强的周期性运动规律。

4. 经济性

流行色被产品经销商、制造商们发现能够为行业、厂家带来利润的历史，最早可以追溯到19世纪末期。但是，纯粹从经济角度，有组织、有目的地开展流行色的预测和应用活动，则应该是以1917年美国纺织品色卡协会颁布的世界上第一个流行色预测色卡为标志。该色卡在现代流行色发展史上的不朽贡献在于，第一次向制造行业提供了能够帮助他们在市场上赢得经济效益为目的的色彩信息。

总之，在纺织品图案设计中，色彩作为一个重要元素，以鲜明的特征和强烈的印象给人视觉以"先色夺人"的第一感受。所以，人们在选购纺织品时，往往是"远看颜色近看花"，并且随着人们消费观念的不断改变，越来越多的人开始追求时尚，尤其在服装和室内纺织品的挑选过程中，流行色逐渐被人们认识和接受。在纺织产品中，合理运用流行色有利于吸引消费者，从而刺激消费者的购买欲，甚至可以决定产品的身价档次，如商场里同样规格、质地、款式的服装在流行色过时后的价格与流行色高潮期的价格差距很大，其差价比往往是几倍以上。可见，流行色能给厂商带来巨大的经济效益和利润。因此，流行色在纺织品图案设计中的把握与应用是设计者加以重视的重要方面。

三、纺织品图案设计中流行色的运用

纺织品图案设计是流行色领域的项目之一，也较早地介入流行色领域，成为敏感地反映流行色彩的产品。在较为准确地预测和把握好流行色彩之后，作为一名设计者，更要善于在设计中灵活地运用流行色，使之与纺织品的图案、款式等其他因素巧妙结合，这样才能达到最佳的艺术效果。科学地运用流行色，应该注意以下几个方面。

（一）准确把握流行色的主题

一般来讲，流行色的发布都是几个色组，每个色组都包括几种色彩，而且根据其色彩特征概括出一个相应的主题和适当的文字解释。美国PANTONE公司发布的2018/2019秋冬流行色趋势，10组先锋色分别为马尾藻海蓝、杏黄色、柔粉色、咬鹃绿、锡兰黄、枯叶橘、马丁尼橄榄绿、星空蓝、罂粟红、红梨色。以马尾藻海蓝色组为例，同色系几个颜色搭配组合，可丰富配色效果，使服装更有层次变化，应用时不能本末倒置，主色或覆盖面积最大的仍应为马尾海藻蓝，突出色彩主题（图5-43）。如果使用面积大小有所变化，其最终效果也会截然不同。在纺织品图案设计流行色的运用过程中，应该把握好每种色彩的使用面积，这样，整个色调才能与流行色的主题相吻合。

图5-43　美国PANTONE发布2018/2019秋冬流行色之马尾藻海蓝组

（二）流行色与常用色的组合运用

常用色是人们经常喜欢使用的、已经约定俗成的色彩，它的形成具有广泛的基础性，在人们的审美意识中难以改变。在纺织品图案设计中合理运用流行色的同时也不要忽视常用色的使用。因为流行色虽然具有时髦感和新鲜感，但会很快消失；而常用色相对比较稳定，能够长时间地受到人们青睐。流行色与常用色互相依存、互为补充，两者的组合运用可以根据纺织面料使用目的的不同采取不同的形式：如果纺织面料是用来制作很时尚的服装，主导色应为流行色，小比例使用常用色，使整个纺织面料装饰图案具有时代气息的美感；如果纺织面料是用来制作床上用品或其他家用纺织品，则可以小比例使用流行色，大比例为常用色，因为家用纺织品不像服装那样更换频率较快，适合用流行色作为点缀色，以取得画龙点睛、相得益彰的奇妙效果（图5-44）。

（三）流行色与点缀色的组合运用

所谓点缀色就是占小面积的色彩，如果在纺织品图案设计中，流行色占有较大面积，就可以适当使用流行色的互补色或对比色进行点缀，尽量采用纯度高、对比强的颜色来点缀，能更好地衬托出流行色的美感（图5-45）。

图5-44　流行色浅紫与常用色蓝色组合　　图5-45　流行色紫色与点缀色黄色组合

（四）流行色自身之间的组合搭配

流行色一般是以几组色彩的形式出现，所以，在印花设计的流行色运用当中，可以单独使用一种流行色，也可以将同色组和各流行色进行组合应用，还可以将各组色彩之间进行穿插组合。值得注意的是：单色使用时由于色相少因而容易显得单调，所以应该将单色进行明度上的变化，这样可以起到增加层次的作用；同色组中各流行色组合时，可以取两种或两种以上的色彩搭配，同时，也要适当考虑明度的变化，以达到丰富多变的色彩效果；不同色组间进行色彩穿插组合时，要把握好多色的对比与统一，避免用色的混乱，在明确主色调的基础上妥善安排其他色彩，做到统一与变化相协调（图5-46）。

图5-46　流行色紫色系组合

思考与练习

1. 结合实际图例分析纺织品图案与色彩的关系。

2. 流行色如何形成？如何预测与把握？

3. 请结合实际，阐述流行色在当今纺织品图案设计上的应用与价值。

第六章　纺织品图案设计的应用

第一节　服用纺织品图案设计

服用纺织品图案设计是根据不同的需要，为服装面料提供各种花色的图案，包括匹料图案，以及为单件服装或系列服装设计的专用图案等。服用纺织品图案与其他装饰图案有所不同，一般除部分服用件料图案之外，服用纺织品图案的花型和单元纹样都比较小，通常在长度为33 cm和宽度不限的单元内布局图案。印花服用纺织品图案的色彩尤为丰富，套色数量相对于室内纺织装饰面料来说限制较小，设计时，可以采取一花多色的形式，以满足整体配套的需求（图6-1、图6-2）。服用纺织品图案具有很明显的流行色特点，流行周期短、色彩变化快，设计者应及时把握流行色的变化趋势，以提升服装的附加值。此外，服用纺织品图案的设计要考虑其针对性，要结合不同质地面料的特点来设计，使实用性与艺术性达到完美的统一。

在服用纺织品中，因具体用途不一，图案要求也不同。衬衫图案一般不宜过大、过密，以轻松、细巧的花派或条格变化为主；西服套装的图案一般以大方简练为主，如几何花派、变化格形等，或根据流行花派进行设计。中式服装及织锦类晨衣，一般以中国传统民族纹样及写实花卉为主，图案要求结构严谨、表现丰富。宴会服装的花纹，一般要求色泽鲜明，花型以大型为主，花样气势要大，处理以写意、抽象为主；件料花样，要根据特定的要求和服装裁剪式样来设计；裙类花样多变，分件料设计及散花两种，一般以印花绸为主。服装用绸的纹样还应考虑品种销售对象的特殊要求和年龄特点。以上所述均为一般规律，服装纹样的大小、风格经常会随着服装款式的变更而变化。

图6-1　一花四色服用纺织品图案

图6-2　一花三色服用纺织品图案

一、服用纺织品图案的类型及特色

服用纺织品图案同其他图案一样，分类的角度多种多样，就构成形式来分，可以分为连续型和单独型两大类；就题材来分，有植物、人物、风景、动物、器物等具象题材图案和其他抽象题材图案。

（一）写实类型

写实类型图案是在科学、客观地观察和分析真实题材的基础上进行的，以客观对象作为设计依据，用较为逼真的方法来表现对象。其特点是画面表现丰富、细腻，能再现自然，具有真实感，如图6-3、图6-4所示。设计者设计好这一类型图案的前提是平时要多注意收集素材，包括直接素材和间接素材，可以通过拍摄、写生、复印、打印、网络搜索等手段来获取。

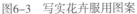

图6-3　写实花卉服用图案　　　　　　　　图6-4　写实蔬果服用图案

（二）变形类型

变形类型图案是在认真研究真实对象的基础上，运用形式美法则和图案构成基本规律对其进行的变形处理，它不受自然物的限制，而是抓住其基本特征，对自然物进行提炼、概括和再创造。其特点是简练、概括和夸张。设计这一类型图案的关键在于掌握好图案设计的形式法则，即对称与均衡、条理与反复、对比与调和、动感与静感、节奏与韵律等（图6-5、图6-6）。

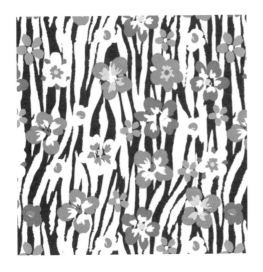

图6-5　变形花卉服用图案　　　　　　　　图6-6　变形剪影花卉服用图案

（三）几何类型

几何类型图案是由几何形基本元素点、线、面组合而成的图案。点、线、面都有规则和不规则之分，在大小、方圆、疏密、曲直、长短、粗细、宽窄、轻重和虚实等方面也存在许多变化。此类图案的设计重点在于整幅图案中点、线、面的有机结合，用于服装上可以呈现出大方、简洁、现代、时尚的特点（图6-7、图6-8）。

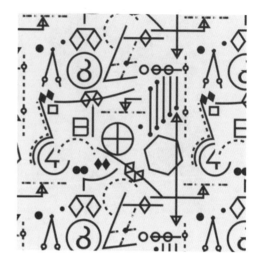

图6-7　几何彩点服用图案　　　　　　图6-8　几何造型服用图案

（四）肌理类型

肌理类型图案的灵感来源于自然界中自然产生的纹理，如石之纹、木之理、水之波、云之状等，将这些自然肌理运用在服装上能给人返璞归真、回归自然的感觉（图6-9、图6-10）。肌理图案与其他图案不一样，在制作上很难一次取得成功，而且每次制作的效果都不可能一模一样，需要反复尝试，直到效果满意为止。所以，此类图案最大的特点就是不可重复性、偶然性和独特性。

图6-9　自然肌理服用图案　　　　　　图6-10　自然肌理服用图案

二、服用配套图案设计

（一）服用配套图案设计的概念

服用配套图案设计是为了使服装最终具有整体配套的穿着效果，设计者有目的地设计出一系列在花型、色彩或风格等方面具有内在联系的服装面料图案。通过同一花型、同一色彩及其他相同艺术语言在服装上或多或少地反复出现，使人在视觉上产生一种连贯性与整体性，从而获得韵律美与和谐美。

（二）服用纺织品图案配套的形式

所谓配套就是指两件或两件以上的服用纺织品图案配套，单件图案不能称作配套。对穿着稍微讲究的人来说，他们每天在穿着打扮的过程中自然而然就会有一种配套意识，而且在服装搭配好之后，还会考虑选择首饰、提包、鞋子、围巾、领带等与其搭配协调。服用配套图案就是为满足人们的整体穿着心理而设计的，达成配套的形式很多，主要有以下三种情形。

1. 单人服装的配套

单人服装的配套是对单个人的上下、内外服装及其服饰配件进行的图案配套设计，配套好坏可以体现一个人审美水平和消费层次的高低（图6-11）。

2. 两人服装的配套

关系亲密的两人有时会在穿着上体现出他们深厚的感情，如情侣、兄弟、姐妹、母子、父子等，如果在服装图案的花色上相互呼应、交叉组合，就能获得整体配套的视觉效果（图6-12、图6-13）。

3. 系列服装的配套

系列服装的配套指三人或三人以上服装在图案花色上的配套（图6-14）。系列服装往往是表演服、工作服和制服等。表演服的配套设计是舞台演出效果的需要，系列服装可以增强视觉冲击力，吸引观众的视线。工作服和制服等群体服装的配套，既能表现出集体的凝聚力，又能体现出每个成员的不同职位与级别。一般情况下，工作服和制服上的纹样不多，主要靠色彩、款式和相应的职位标志来取得整体配套效果。

图6-11　单人服装配套

图6-12　亲子服装配套

图6-13　情侣服装配套　　　　　　　　　图6-14　系列服装配套

（三）服用纺织品图案配套的方法

服用的美感主要是由花型色彩、风格、肌理、质地和印花工艺等因素形成的。设计配套的服用纺织品图案，就应该从上述方面着手，通过巧妙运用某些共同的造型因素，使服用纺织品图案达到配套的目的。

1. 花型配套法

花型配套法指图案的花型相同或相似，在其色彩、表现手法和花型的大小、疏密、多少、虚实及排列布局上求得变化以达到配套的艺术效果（图6-15、图6-16）。

图6-15　几何花型配套　　　　　　　　　图6-16　花卉花型配套

2. 色彩配套法

色彩配套法指图案的色彩相同或相近，在图案题材、风格、肌理等方面变化以求得统一配套的方法（图6-17）。

3. 风格配套法

风格配套法指图案的花型、色彩和肌理等都不一样，但在图案风格上寻求一致性，也可以取得和谐配套的效果（图6-18）。

图6-17　色彩配套　　　　　　　图6-18　风格配套

4. 肌理配套法

肌理配套法是指图案的肌理感觉一致，在色彩、花型等方面变化，取得协调配套的方法（图6-19）。

5. 综合配套法

综合配套法是指将以上四种方法进行灵活组合运用，如花型和风格配套，花型和色彩配套，色彩和肌理配套，或花型、色彩、风格、肌理配套等。相同的因素越多，配套的感觉越强，但要避免配套过于单调、呆板，要始终把握"统一中求变化、变化中求统一"的设计原则（图6-20）。

图6-19　肌理配套　　　　　　　图6-20　综合配套

三、服用载体与图案设计

（一）衬衣图案设计

衬衣一词最早发源于西方，在我国古代虽无此名称，但也有着和衬衣用途相类似的衣服。在我国，这类衣服的起源最早可以追溯到中国周朝，称中衣，后称中单。汉代称近身的衫为厕牏，至宋代已用衬衫为名，现称作中式衬衫。在西方，衬衫的雏形可以追溯到奴隶社会时期诞生的筒型长衫，这种长衫在14世纪之前主要用作贴身内衣，文艺复兴时期，"shirt（衬衣，也翻作衬衫）"一词开始在英国出现，18世纪，男式衬衣风格由繁复华贵转向简朴整肃，现代衬衣的样式到19世纪末逐渐确立下来。随着思想观念的转变，衬衣不再作为纯粹的内衣穿用，逐渐地被当作日常便服穿在外面。20世纪以后，男服基本已标准化，礼服衬衣，各种花色款式的普通衬衣也开始流行起来。经历了数千年的革新。

大约在公元5世纪的苏格兰中部，格纹开始在男装中得到应用，但直到1850年woolrich大方格才开始在男式工作衬衣中使用。1900～1920 年，包括格纹在内的图案工作衬衫开始崛起，与此同时，休闲塔特萨尔格子衬衫进入时尚界。1940～1950年，不论是典型的日常服饰还是整洁的休闲运动服都可以看见格纹衬衣的身影，20世纪60～70年代，格纹衬衫已变成各个阶层的主流男装；20世纪70年代末，复古朋克格子也开始流行；20世纪90年代，摇滚风和校园风都很喜欢格纹衬衣。随着时代的发展，市面上过多重复单调的格纹款式和常规的配色已经不能满足人们对于个性化时尚的追求。用创新的设计、新的配色、新的技术手法来表现格纹，才能满足人们的时尚需求（图6-21）。

图6-21　创意格纹衬衣

（二）裙料图案设计

裙料图案又称"件料图案"。常采用四方连续图案和二方连续图案相结合的手法，也可以由独幅式纹样连续而成。单独型纹样不存在接版问题，一般是服装款式设计好之后依装饰部位的不同而设计图案，装饰效果独特，布局非常灵活。

　　裙料图案以半身长裙和连衣长裙图案设计为目的，传统图案格式以裙边的二方连续纹样过渡到裙身的四方连续纹样的组合方式，图形沿布幅边缘向上延伸展开，图案下密上疏，以植物纹为主要内容，被认为是服装面料图案设计中较有难度的设计形式。现代裙料设计加大了面料的幅宽，纹样的形式也更加多样化，工艺除了印花还有手绘、刺绣等，适用的服饰也更加宽泛（图6-22）。

图6-22　洛丽塔风格裙料图案

（三）T恤图案设计

　　T恤（Tee-shirt），中国又称为文化衫，图案多以前胸为装饰部位，采用面积适中的单独纹样形式，内容广泛，常见有植物花草、卡通动物、传统脸谱、名胜古迹、名人明星、抽象纹、广告语文字、标识等。T恤发展于针织男式圆领衣，其装样式可以追溯到17世纪美国码头工人的服装以及19世纪末美国海员的制服。1942年，美国人纳维受T字形启发，把它叫作"T Type Shirt"，而成为一种不分性别的服装样式。1976年，T恤的加长改革，更使其发展成为世界范围内的一种实用服装。有统计，现今美国一年的T恤消费量为数十亿件，T恤有大众与平民性的一面，而其流行感正是由图案和色彩来体现的，且易与多种风格服装搭配。T恤图案因具有商家广告的功能，也被称为"广告衫"，也具有旅游纪念等功能，图案具有轮廓分明、装饰性强、对比醒目等造型特点。传统T恤图案主要以机印工艺为主，现今T恤图案除机印外，还有数码喷墨、手绘、机绣、贴补绣、顶珠绣、烫钻等其他工艺，图案在部位、面积上形式多样，变化灵活（图6-23）。

（四）方巾图案设计

　　方巾图案设计指外形方正，可用于颈脖、肩、头部、腰部等的服饰用品图案。图案内容涉及广泛，造型表现丰富多样。结构有独立式二分之一对称式、四分之一重复式、中心独立加二方连续边框式、中心连续循环纹加二方连续边框式等，是集单独纹样、适合纹样、角隅纹样、二方连续纹样于一体的图案设计样式。结合折叠颈饰佩带和披肩佩带等效果，方巾的四角和中心都成为纹样设计的重点。方巾图案以真丝印花为典型样式，因尺寸大、外形方正的特色，也为绘画式图案的表现提供了契机，许多画家名作或风景场景被印在方巾上，使方巾具有了旅游纪念等功能（图6-24）。

图6-23　T恤时装

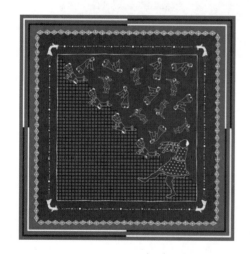

图6-24　时尚图案方巾

第二节　家纺用图案设计

　　家用纺织品图案，简称家纺图案，它包容了家居中一切纺织品图案设计，主要有床单、被套、床罩、枕头、毯类等床上用品图案设计；窗帘、门帘、沙发与椅座凳套、桌布等家居装饰布图案设计；还有墙布地毯图案设计；盥洗室中的巾类、浴帘、洁具三件套等纺织产品的图案设计以及餐巾、靠垫等家居纺织类饰品；居家服、围裙、厨房用手套、拖鞋等家居服饰品的图案设计。家纺图案历史久远，图案内容包罗万象，图案的形式和工艺丰富多样，兼具实用和审美的双重特性，更是人类热爱生活和精神追求的体现。

每一项每一款家纺产品，图案的设计都与产品的功能、款式、材料、工艺以及社会文化、审美习俗、时尚流行、消费对象等因素紧密关联。因此，图案在内容、造型、格式、色彩、风格等方面呈现出极其丰富的样式。家纺是图案的载体，同时，家纺又因图案获得了艺术的彰显，赋予了家居文化内涵与魅力。

一、家用纺织品的类型对家纺图案构思的要求

家纺图案的构思应围绕家用纺织品的类型而展开。家用纺织品通常可分为家庭用和非家庭用两种。非家庭用纺织品中有办公用、军营用、医院用、宾馆用、旅游用等，范围非常广；家庭用纺织品就是传统意义上的产品，主要分为客厅类家用纺织品（图6-25）、卧室类家用纺织品（图6-26）、餐厨类家用纺织品（图6-27）、卫浴类家用纺织品（图6-28）。设计的家用纺织品类型决定了家纺图案的类型、特点、表现手法等，对家纺图案的构思就必须围绕这种类型的家用纺织品来完成。如设计的家纺图案是应用在军营的宿舍中，在构思时就要考虑军营的特点，应该用整齐、简洁的图案，整体的色彩也应考虑部队特色，反映军人的性格和喜好。又如设计的家纺图案是应用在卫浴空间中，就要考虑这个空间的装修风格是欧式的还是中式的，是现代简洁型的还是传统型的，要根据这些来构思家纺图案的结构、色彩、风格、表现技法等，设计出既符合风格要求，又体现卫浴特点的家纺图案。

图6-25 客厅沙发用纺织品

图6-26 卧室床上用纺织品

（一）床品图案

床品，全称床上用纺织品，是家纺图案设计的主体。床上用品有床单、被套与枕套的四件套常规配套，还有靠垫、抱枕、床套（也称床笠）、睡枕、被芯等六件套、八件套等多件配套。因此，需要设计师运用色彩、图案、款式的配套，设计出各式各样、丰富多彩的床上用品，以满足不同个性的需求。床上用品与窗帘的装饰所占空间很大，对营造和转换卧室环

图6-27　餐厅用纺织品

图6-28　卫浴用纺织品

境起着重要的作用。

1. 床上用品的风格

在床上用纺织品的风格发展上，随着我国和西方世界交流机会的增多，西方古典主义风格和现代风格都在视觉上受到了冲击，市场上也开始出现大量的法式古典风格、美国乡村风格、表现主义风格、现代主义风格等众多家纺产品。当然，还有其他一些不同地域的家纺设计风格。不同国家、不同生活背景的人们对于设计总是有着自己不同的喜好。任何一个国家、一个民族的装饰图案在某种程度上都反映了这个国家和民族的生活方式、审美观。东亚消费者的审美与欧美消费者不同：东亚人喜欢更加清新淡雅的设计风格，而欧美人更喜欢浓烈奔放的设计风格，当然，欧美人审美观也并不是完全一样，比如，北欧和南欧的审美观就不尽相同，这也是由于地域、生活环境的不同而引起的差异。这些差异影响这些地方的设计，床上用纺织品自然也包括其中。

目前，在床上用品领域主要有六种设计风格，当然，设计风格的丰富也会为消费者提供更多、更细致的选择。

（1）美式风格。美式风格起源于17世纪，在英国移民迁入这片广袤的土地时，他们不仅带来了科学技术，还一并带来了自己在西欧的审美观。经历了长时间的演变以及生活环境的影响，其慢慢与英国的床上用纺织品的风格也产生了不同，形成了自己特有的风格，精巧、华美同时又不失朴素。美式风格多以植物、花卉、条纹等作为设计元素，其床品样式如图6-29所示。

（2）新中式风格。随着我国国力的增强，民族意识逐渐复苏，设计界已经不再仅仅是以简单的模仿和拼凑来进行设计。中国的设计师们将近些年来流行起来的中国元素发扬光大，将古典中式元素与现代风格巧妙融合，形成了简洁和谐的设计风格。新中式风格的床品样式如图6-30所示。

（3）新古典风格。新古典风格起源于18世纪中期，源于理性主义，并没有采用巴洛克和洛可可风格中的过度矫饰，而是期望以简洁浪漫的设计，呈现一种更加纯粹的贵族式设计。新古典风格主要以几何图案、植物、玫瑰花饰等作为设计元素，通过与整个居室环境的和谐搭配，产生简洁华贵之感。新古典风格的床品样式如图6-31所示。

（4）东南亚风格。东南亚风格集中式风格与西方设计风格一体，集两家之长，同时又保留了自己的设计特点。其风格主要分为两种，一种以深色系的中式风格为代表；另一种则以淡雅的西方设计风格为主。总体来讲，其设计风格蕴含着神秘色彩，中式的稳重、西式的华美在此和谐融合，形成了别具一格的东南亚设计风格。东南亚风格的床品样式如图6-32所示。

图6-29 美式风格

图6-30 新中式风格

图6-31 新古典风格

图6-32 东南亚风格

（5）欧式古典风格。欧式古典风格起源于公元6世纪的拜占廷帝国，其发展中经历了罗马式、哥特式、文艺复兴式、巴洛克主义、洛可可主义以及帕拉第奥主义的影响，展现出华美经典的设计感。其设计元素多来自建筑当中，罗马柱、卷叶草、螺旋纹、葵花纹、弧线等欧式古典元素出现在设计当中，呈现出华贵绚丽的设计效果。欧式古典风格的床品样式如图6-33所示。

（6）现代风格。现代风格起源于19世纪末至20世纪初，同欧式古典风格一样，现代风格也是从建筑的设计感中提取出的设计风格。现代风格将现代建筑设计中简洁、直接的设计风格融入家纺设计中，大量运用直线、几何元素的组合，将简约的设计感贯彻始终。现代风格的床品样式如图6-34所示。

2. 床上用品的图案形式

床上用品的图案与色彩宜与窗帘相呼应，排列构成要有变化，需考虑床的三面视觉效

图6-33　欧式古典风格

图6-34　现代风格

果，图案造型一般要小于窗帘图案。另外，床上用品又分为床单、被套、枕套、靠垫、床罩等，各有其不同的使用功能，在设计时，除了要呼应窗帘图案外，床上的各种用品图案还需有变化，要形成既统一又有对比的配套装饰。因而床上用品的图案形式一般分有A、B、C版设计，目的就是营造床饰多层次的空间美。A版是床上用品图案设计的主版，表现为大面积铺盖的形式，图案排列通常有散点的四方连续、条状的几何或花卉、二方连续与四方连续的组合、格子与规则图案的组合、横条几何纹的二方连续、条状与横条的组合、斜方格与装饰花卉的组合以及各种抽象几何与独幅纹样的构成等。不同形式的排列构成能营造不同的视觉效果，设计师需依照卧室的装饰风格做出选择。

B版或C版，通常是被里、床单或枕套之类的装饰面料。其装饰纹样须与A版配套，两版之间要有图案的关联性，即某一装饰元素的呼应。B版或C版的图案排列一般与A版形成紧密、稀疏或明暗的对比，使床品的图案装饰层次得到美的延伸（图6-35）。

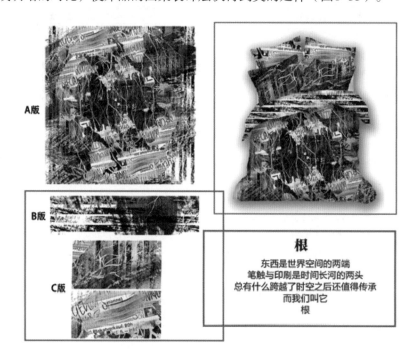

图6-35　家纺床品A、B、C版图案配套形式

（二）桌布图案

桌布最初的功能是以保护桌面、清洁为目的，多用在餐桌上，很多国家和民族都有铺桌布的习惯，即使在物资匮乏的年代，一款材质普通而图案别致的桌布可以给居室增添许多光彩，成为许多家庭迎新年的必备品。桌布图案种类繁多、风格多样，桌布也因此成为居室装饰的重要手段。

传统的桌布图案通常是独幅设计，多以中间的适合纹样、四角的角隅纹样和四边的二方连续纹样构成。如今，四方连续图案以其尺寸裁剪随意、格式简单且易于和居室其他织物配套等优点，成为十分流行的桌布样式。

餐桌布最常见的是色织条格图案、传统写实花草和水果的机印图案，加上明快的色调，在符合实用功能的同时，也营造了居室的休闲和浪漫气氛。在素色布上运用绣花（十字绣或抽纱绣）工艺表现定位图案，并强调边饰的变化和装饰是传统桌布的常见图案样式。而现代工艺的发展，为桌布图案的设计注入了新的活力，如机织蕾丝面料的运用，使桌布变得通透而灵动，更体现了流行与时尚感（图6-36）。

图6-36　现代桌布图案

（三）沙发布与图案设计

来自"SOFA"译音的沙发，是由弹簧或厚垫构成的一种靠背椅，造型多样，外用纺织品蒙面，便是通常说的"布艺沙发"。提起沙发，首先想到的是皮质的、纯深色、能容纳下全家人的大沙发，显得稳重、气派。而随着人们生活水平的提高和审美观的改变，沙发已经突破了原来"大""深""笨""重"的格局，造型轻巧、简洁大方、个性创意、色彩丰富的沙发配上恰当的软装饰，更能切合市场需求和都市人的期许。

经过调查研究表明，对于都市年轻人而言，沙发的舒适性已不再是定义沙发好坏的唯一标准，他们更注重图案色彩与材质，如何能让自己的家变得更舒适有趣，充满个性色彩，是年轻消费者所追求的。当然，整体环境的协调呼应对于增加设计的主题性有着举足轻重的地位。

目前，国内布艺沙发设计的流行趋势，较以往已发生了重大改变，不再采用传统单一的材质面料，而是将各种不同材质的面料搭配使用，综合优势，使产品更富有变化性。在图案花样方面，纹样的跳跃性更大，更趋于"混搭"以丰富视觉冲击，如将中式传统白描图案和动物元素图案搭配使用，使视觉感受更加强烈。色彩方面，由于色彩是给消费者第一印象中最直观的感觉，如今的沙发布艺也开始更加关注色彩的碰撞搭配，来凸显个性与特色，吸引年轻消费者的青睐。而整体设计的应用也越来越受到重视，有主题的设计，能更全面地诠释作品自身所表达的情绪。

现如今织造工艺上的变化，正在朝多样化方向发展。现在越来越多的工艺师开始采用双经轴提花，这大大丰富了大提花织物的布面效果。另外，经纱的颜色也越来越丰富，一个经轴除了采用两种材料的经纱外，每种材料的经纱又分别染上不同颜色，这使得面料的色彩和效果更加丰富并富有层次感。材质方面，曾经流行的雪尼尔纱面料正在逐渐淡出市场，取而代之的是各式各样的花式纱，由于花式纱的纱型丰富，品种变化多样，且不会出现雪尼尔纱掉毛的现象，所以，逐渐成为主流（图6-37）。

图6-37　沙发布图案

（四）窗帘图案

窗帘属于挂帷类，可在室内形成较强的注目性。窗帘不但具有遮阳隔热、防寒保暖、隔音防噪、调节光线等作用，还能以多变的形式、优美的图案、协调的色彩美化室内环境，成为居室中靓丽的风景线。

1. 窗帘的分类

窗帘一般分为薄、中、厚三类。薄型窗帘具有透光、透气、耐晒等特点，一般作为外层窗帘；中型窗帘呈半透光状态，能透气又能隔断室外视线，一般作为中层窗帘；厚型窗帘质地厚重，垂感好，具有遮光、隔音、保暖的功能，一般作为里层窗帘。窗帘具有多功能的实用性，花色配套、款式新颖的审美性，合理地运用不同织物的粗细厚薄、起伏凹凸、深浅层次的织纹变化，还可以表现窗帘装饰的空间层次美。

目前，市场上的窗帘面料除传统的棉麻丝毛外，还有棉麻交织、棉与人丝交织、棉麻与化纤交织等，以及各种绒面织物。工艺上有印花、织花、提花加印花、烂绒、抽纱、刺绣等。窗帘织物的不同质地与工艺的多样性，产生了丰富多彩的视觉效果（图6-38）。

图6-38 欧式窗帘

2. 窗帘图案的特点

内外窗帘的面料虽然厚薄有别，但由于相似的图案配套，显得灵活而又有变化。窗帘图案一般与床罩图案呼应，与墙布图案只求有相连因素。窗帘随着功能的开启、褶皱的变化，图案亦隐亦现，形成多变的视觉效果。因此，窗帘图案的色与形需要概括、整体，即图案造型简洁、色彩明快、排列有序。常见的有纵向、横向的图案排列形式。不同的排列有不同的视觉美感：纵向条形排列可使室内空间有升高感，横向条形排列可使室内空间有扩展感，上虚下实的排列有沉重、稳定的感觉，错落有致的散点排列有灵活感，动感线条的排列有洒脱、生动的感觉，严谨稳定的框架排列有秩序感。

窗帘图案题材丰富，除应用几何米图案和花卉图案外，还可采用动物、人物、风景，以及各种民间图案。规则的小花纹图案可增添室内温馨祥和的气氛，多变的几何形曲线能表现生动活泼的心理感受，奔放的大花形图案使室内洋溢着青春喜气的活力。

窗帘图案的色彩不仅要与室内其他织物协调，还需强调明朗的主色调。深色调的窗帘图案色彩对比明快，层次清晰；浅色调的窗帘图案色彩呈现出高明度、低纯度的朦胧美；平淡派的窗帘图案色彩显现得极其单纯舒适。

窗帘具有调节光线、保护隐私、吸音降噪等实用功能，是所有功能空间都必备的家纺产品，而图案明确了窗帘的装饰与审美的功效。从视觉艺术的角度看，家居中不同功效的室内空间对窗帘有着不同的需求，加上风格等诸多因素，窗帘的图案设计样式也显得极其丰富多彩，窗帘的图案格式中，最常见的是四方连续纹样。近年来，也常见独幅图案设计。纹样较小的窗帘图案设计，多呈现出居室自然温馨的田园风格；大花型窗帘图案设计，更可表现出室内的豪华与典雅的古典风格；条纹等抽象纹样的窗帘图案设计，呈现的是简洁和节奏的美感，使居室呈现出现代风格，同时，家居的良好整体协调感还需将窗帘与其他纺织品相互协调搭配。

（五）墙布图案

墙布也称墙纸，主要由布或纱布等纺织纤维以及纸等材料构成。墙纸具有隔音、保暖、防潮等实用功能，且寿命持久（维护保养好的墙纸可保10～15年）。墙纸的图案更具有装饰墙面、营造室内整体视觉氛围的作用。相对于纸质墙纸，纺织纤维材料的墙布更具耐擦洗和防撞击等优点，缺点则是价格比较高。墙纸应用比较普遍，如在床边的墙面运用纸或布进行贴围，在中国传统中称为"墙围子"；20世纪中期，在中国许多简陋的居室中仍能看到用报纸、年历等印刷品来贴墙的习惯，成为时代特有的墙纸装饰。现代意义的墙纸可追溯到16世纪的英国，到了18世纪维多利亚时代，墙纸的装饰风气已从英国盛行到欧洲乃至世界，并进入工业化生产模式。"新艺术运动"代表人物威廉·莫里斯曾设计了大量室内墙布，因此产生了著名的莫里斯图案。中国于20世纪70年代末从日本引进第一条墙纸生产线，第一卷墙纸诞生在北京，从而拉开了中国现代墙纸生产和设计的序幕。墙布的图案造型在内容表现上十分丰富多样，但最常见的是四方连续的花卉植物纹样，最具代表性的有盛行于欧洲的传统缠枝花、树与鸟蝶等题材形成的经典图案，图案丰富华美，典雅中透出律动的美感。随着印染与织造工艺的日益发展，近年来也常见有大花位和独幅设计的采用印花等工艺生产的墙布，而手绘丝绸墙布、纱线墙布、提花墙布、非织造布墙布等绿色环保概念的高科技产品也孕育而生，具有手感舒适、褶皱自然、色彩丰富、图案时尚、个性独特等特征，花草、鸟兽、风景、器具、抽象肌理等各种不同造型的图案，以创意涂鸦、写真写意等不同手段，演绎出多样的墙纸风格，以适合各种消费者的家居需求（图6-39）。

图6-39　墙布图案

二、图案设计构思的影响因素

（一）家纺部位因素

确定了家用纺织品的类型，尚不能正式开始家纺图案的构思，还应该了解图案应用的部位。同一件家用纺织品，图案应用在产品的中心位置或边缘位置，应用在正面或侧面都影响构思。比如，一套床上用品中的被套，如果应用在中心位置，图案的构成形式应该用独立纹样或适合纹样，以体现独立、突出的感觉，形成视觉中心；如果应用在边缘位置则应该用二方连续纹样，形成连续的感觉（图6-40）。

（二）家纺风格因素

风格特色是决定家纺图案设计构思的三大因素之一。产品的风格是对产品的造型、图案、色彩等全面综合的感觉。风格的分类非常多，按地域可分为欧洲风格、美洲风格、亚洲风格等，也可以分为阿拉伯风格、东南亚风格、地中海风格、北欧风格等，还可以分为印度风格、希腊风格、中国风格等；按造型特色可分为古典风格、中性化风格、现代风格；按色彩感觉可分为艳丽风格、淡雅风格、朴实风格、黑白风格。按不同的条件可产生不同的风格分类，而不同的风格要求自然决定了家纺图案的构思方向。比如，要设计现代风格的家用纺织品，在图案的构思上应选择简约型，可以用几何图案、抽象图案、肌理图案，也可以用概括点的花卉图案；再如，设计中国风格的家用纺织品，在图案的构思上可以选各个历史时期或各个民族特色的纹样，也可以选择吉祥纹样等（图6-41~图6-43）。

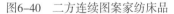

图6-40　二方连续图案家纺床品　　　　　　图6-41　中国风家纺床品

三、家纺用图案设计的定位

家用纺织品的图案设计是一种较为复杂的创造性活动，需经过接受任务—确定目标—市场调查—设计方案—设计评价—工艺制作—效果分析等严格程序过程，才能确定新产品的生产，而其中目标的定位是重中之重，如果失去了目标，偏离了定位，那么图案设计得再漂亮，也只是徒劳的废纸一张。

图6-42　欧式大花家纺床品　　　　　　　图6-43　北欧简约风家纺床品

　　适应消费需求，就要研究消费心理和消费习惯。检验设计产品好与坏的标准，最终是消费者的接受程度。消费欲望除了经济成本外，主要看心理成本。心理成本是一个变量，也是附加值高与低的体现。设计师如果埋头设计，不研究消费心理，则无从抓住消费市场，也无从对消费群体进行准确定位。因此，家纺设计师必须充分意识到：引领消费需求，实现个性化、特色化就要做好进行持续、长久的产品创新的思想准备。

　　家用纺织品是异质性很强的时尚类产品，消费群体的差异化使人们对个性化家用纺织品的需求比较强烈。以婚庆家用纺织品为例，在传统思维里，婚庆产品越喜庆越好。大红的被子、床单、枕头、窗帘、桌布、沙发的面料上印着、绣着、织着大朵夺目的鲜艳花朵，配上大红的地毯、灯罩、帷幔，穿着大红的旗袍，满屋贴上大红的剪纸装饰，甚至接新娘的婚车也一定是大红色的，上面挂满了大红的丝带与鲜花，车头的大红喜字格外耀眼，简直是红色的海洋，确实把中国式喜庆表现得淋漓尽致。但大多数现代意识强的年轻人追求时尚、紧跟潮流、标新立异、张扬个性，婚庆正好是他们充分表达自己这种思想的绝好时机。白领一族崇尚西式生活，其婚房或采用欧式古典风格的提花家用纺织品来配合同类型的家具，卷涡纹、莨苕纹与沉稳的暖色营造出一种厚重、大气却又不失典雅、高贵的舒适空间；或是波普印花纹样反复出现在床上、地上、桌上甚至墙上的软装饰产品及其他器物、家具上，时尚而艳丽的色彩结合及另类的图案造型体现出强烈的现代风格与喜庆色彩；或将淡雅恬静、朦胧空灵、简约协调铺撒在家居的角角落落，平静的色彩和散满房间的几何纹样错落有致地排列组合，点睛之笔的艳丽靠垫、器物和公仔随意地摆放，诠释着主人婚庆的愉悦心情与都市情节。同是年轻人，都是婚庆产品，却因为职业、性格、心理和审美的不同而做出了各种各样的选择。作为家纺设计师，只有认真用心走进人们的生活，才能满足消费者的需求。如图6-44所示为不同风格的婚庆家纺产品。

　　设计者还需深入考察、分析、研究各个不同年龄段消费者的需求。儿童有儿童的消费心理，他们活泼好动，对世界充满好奇，喜好对比鲜亮或柔而丰富的色彩，喜欢可爱、稚拙的形象和多变的款式造型。对他们来说，像奥特曼、维尼小熊、蜡笔小新、迷糊娃娃和绿豆蛙等勇敢、活泼、滑稽的卡通形象就是最佳首选。年轻人有年轻人的消费观念。他们站在家纺

图6-44　印花、绣花、提花婚庆家纺床品

消费的前列，引领家纺消费的潮流。怪异而变幻缤纷的波普类型、鲜亮而奇特的异域风格、民族而时尚的潮流走向，简约轻松的格调趋势，都在他们的家用纺织品中得到体现。中年人有中年人的消费习惯。这个年龄段的人们事业有成，心理也相对成熟稳定，对审美有了自己的既定模式，他们不再被周围的环境所左右，同时，都市的繁华与喧嚣也让他们倍感疲惫。新鲜、写实的与概念化的植物形象有机组合，配合稳重自然的色彩，高贵华丽又温馨浪漫，让忙碌了一天的中年人回到家里即得到心绪的安定并获得愉悦的心情，配色高雅的彩色条格家用纺织品同样也能在这类人群的家居中起到相同的作用。老年人有老年人的消费需求，老年人注重健康，乐于亲近自然，足不出户却能走进树林、徜徉花间、漫步街头，是这类消费人群的企盼。高档次的织物、写实的花卉或风景、沉着的色彩以及精致的做工组成较高品位的家居环境，既彰显了使用者的身份，又满足了他们的心理需求。因此，家用纺织品图案设计人员需要增强市场意识，不断深入了解消费者的心理需求，准确判定群体消费方向，紧紧抓住市场定位这个环节。

第三节　产业用图案设计

产业用纺织品在国外也称为技术纺织品，是指经过专门设计、具有特定功能，应用于工业、医疗卫生、环境保护、土工及建筑、交通运输、航空航天、新能源、农林渔业等领域的纺织品。

一、汽车用图案设计

汽车坐垫是有车一族的主要消费品。根据季节选择一套舒适、实用的汽车坐垫尤为重要。如今市面上有真皮、超纤皮、人造革、锦纶、化纤、人造毛、涤纶、羊毛等不同材质的车用坐垫。同样根据顾客的不同需求，也可以设计出不同图案的坐垫（图6-45）。

图6-45 汽车坐垫

二、医疗卫生用图案设计

（一）病号服

病号服是病员或伤员在医院或康复机构住院时穿的服装，穿脱清洗方便，也方便医院管理。款式大概与睡衣无异，花纹为条纹，条纹多为蓝白相间，也有制作三色及以上者（图6-46）。

图6-46 病号服

（二）创可贴

创可贴俗称杀菌弹性创可贴，是人们生活中最常用的一种急救必备医疗用品。创可贴主要由平布胶布和吸水垫组成。具有止血、护创作用。根据不同需求，现已有多种图案形状的创可贴供患者使用（图6-47）。

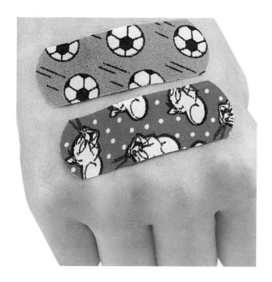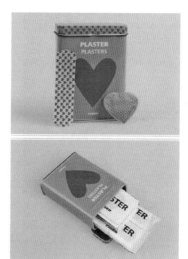

图6-47　创可贴

（三）纸尿裤

纸尿裤是指婴儿用的纸尿裤，有3层速吸锁水体、3道全长导流凹槽，还有加高双重立体防漏隔边、柔护弹力后腰围，此外，纸尿裤还特别采用了加宽、加长、柔软、无胶魔术搭扣，使用更安全、更方便，现在纸尿裤也设计了各种各样的图案（图6-48）。

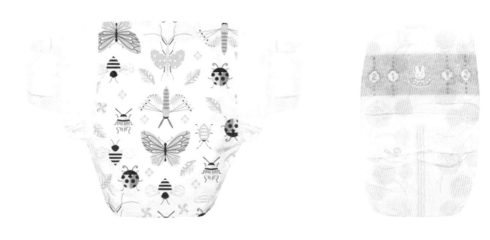

图6-48　纸尿裤

三、安全与防护用图案设计

安全防护服是安全防护类纺织品的重要品种之一，是重要的个体防护装备，广泛应用于石油、化工、冶金、造船、消防、军队等领域以及有明火、散发火花、熔融金属和有易燃物质的场所。其发展方向是具有永久阻燃、防水透气、耐火隔热、拒油耐污、易洗易储的高性能阻燃服装（图6-49）。

图6-49　安全防护服

思考与练习

1. 服用纺织品图案设计的特点是什么？
2. 服用配套图案设计的形式与方法是什么？形式有哪些？
3. 家纺类纺织品图案设计的特点是什么？形式有哪些？

第七章　纺织品图案设计与现代纺织

第一节　纺织品纱线材料与图案设计

一、纤维的分类

纺织纤维种类繁多，按来源和习惯分为天然纤维和化学纤维两大类。凡用天然的或合成的高聚物，或无机物为原料，经过加工制成的纤维状物体，统称为化学纤维。常见的纺织纤维有以下几类。

1. 天然纤维

凡是自然界里原有的或从种植的植物、饲养的动物和矿岩中直接获取的纤维，统称为天然纤维。根据纤维的物质来源属性，将天然纤维分为植物纤维、动物纤维和矿物纤维，并依据动、植物的名称加丝、毛，或加纤维命名，甚至简化统称为棉、毛、丝、麻这四大类纤维。

2. 再生纤维与无机纤维

再生纤维是以高聚物溶解或熔融纺丝而成的纤维，早期称"人造纤维"，如再生纤维素纤维、再生蛋白质纤维、再生甲壳质纤维和再生合成质纤维。天然与合成高聚物共混或共聚的纤维，因非生物质高聚物，应划出再生纤维，归入合成纤维。天然聚合物间的共混仍属再生纤维，如甲壳质黏胶、角蛋白/丝素、原纤增强角蛋白纤维等。

无机纤维是以无机物熔融、溶解丝或用高聚物纺丝后碳化、烧结成型的纤维，包括岩矿、金属、陶瓷和碳化等纤维，如玄武岩纤维、不锈钢纤维、氧化铝纤维、碳纤维等。以金属镀层的合成纤维，因金属为主导作用，也归入金属纤维。合成的PAN基碳纤维和再生的黏胶沥青基碳纤维也归为无机纤维。

3. 合成纤维

合成纤维是以有机低分子单体均聚或共聚或聚合物的共混或复合得到的高聚物,经溶液或熔体的纺丝而成的纤维。其特征是由低分子人工合成高分子,与再生纤维的高分子即高聚物组成分子不变的加工不同,显得更智慧。人们将再生纤维与合成纤维统称为化学纤维。

合成纤维按其聚合物构成形式,分为均聚、共聚、共混和复合四类纤维,如涤纶、锦纶、PVA/大豆蛋白纤维等。

4. 纳米纤维

粗细在纳米(1~100 nm)尺度的纤维称为纳米纤维,是典型的再生纤维。纳米纤维与组成无关,可以是无机物、有机物,或低分子和高聚物,但准确的分类依据是制取方式。依此有三类:自生长纤维,即在一定介质条件下,由无机或有机分子自组装生长的纳米晶须;静电纺纤维(丝),即溶液或熔体在高压电场作用下牵伸或分劈拉细而成的纳米、亚微米纤维;天然原纤,即从具有多级原纤结构的天然纤维中溶解分离提取的纳米或亚微米原纤(或称晶须)。其小尺度和大表面效应使其纤维膜的增强效果优异。虽纤维自身强度相等或较小,但纤维膜强度明显高于微米尺度的同组成纤维膜,复合体的强度高于其本身和基质体50%~200%且模量高、韧性大;使纤维膜吸附、导通、过滤性能成倍甚至数十倍地增加。而纳米纤维的量子尺寸和宏观量子隧道效应又使纤维膜的声、光、电、磁、热力学性质发生一系列变化,称为功能材料。

纺织材料中,目前,纳米纤维的制备以静电纺丝为主,大部分纤维的聚合物和无机物都可用于静电纺丝,但纤维强度偏低(<1 cN/dtex的主要利用其表面效应;纤维偏粗,多在100~600 nm,实为亚微米(0.1~1 μm)尺度,故称亚微米纤维。

5. 回用纤维

回用纤维是加工中或使用后废弃纤维的总称。分为以下几类:加工回用纤维,即纺纱加工中废弃的废纺纤维和废品与边角料中的废品纤维,其损伤小、安全卫生,多被回用;用弃回用纤维,即使用后纺织品中的纤维,其损伤大且多色、多组分混杂,回用难度大。废弃纤维的可回用性不仅取决于加工与使用的损伤、纤维的混杂程度和安全卫生性,而且取决于纤维集合体的松紧及易开松性。可回用性的排序为散纤维、絮材、纱线、非织、针织、机织、涂层、浸胶织物。

以上为目前纺织品开发常用纤维原料(表7-1),此外,新型纤维原料也被广泛采用,使纺织品实用性和功能性大为提升(表7-2)。

表7-1 常用纤维原料

纤维种类			纤维名称
天然纤维	植物纤维	种子纤维	棉、木棉
		韧皮纤维	麻、亚麻、黄麻、罗布麻
		叶纤维	蕉麻、剑麻、菠萝叶
		果实纤维	椰子纤维

续表

纤维种类			纤维名称
天然纤维	动物纤维	动物毛发	羊毛、兔毛、马海毛、山羊绒、牦牛绒
		动物分泌物	桑蚕丝、柞蚕丝
	矿物纤维	天然无机化合物纤维	石棉纤维
化学纤维	再生纤维	再生纤维素纤维	黏胶纤维、铜氨纤维、醋酸纤维、富强纤维、竹纤维、天丝等
		再生蛋白质纤维	牛奶纤维、大豆纤维、花生纤维
	合成纤维	聚酯纤维	涤纶
		聚酰胺纤维	腈纶
		聚丙烯纤维	丙纶
		聚乙烯醇纤维	维纶
		聚氯乙烯纤维	氯纶
		聚氨基甲酸酯纤维	氨纶
		其他纤维	芳纶、乙纶等
	无机纤维		玻璃纤维、金属纤维、陶瓷纤维、碳纤维

表7-2 新型纤维原料及其特点

纤维种类		纤维特点
差别化纤维	异形纤维	指用异形喷丝孔纺制的非圆形横截面的合成纤维,如中空异形纤维,卷曲度高;如三角形截面纤维,具有亮丽夺目的光泽
	复合纤维	指纺丝时单纤维内由两种以上聚合物或性能不同的同种聚合物构成的纤维,既可兼具多种纤维特点,又可获得高卷曲、高弹性、抗静电、易染性、难燃性等功能
	超细纤维	一般指单丝线密度低于0.3 dtex的化学纤维,织物手感柔软、细腻,柔韧性好,光泽柔和,具有高清洁能力、高吸水吸油能力和高保暖性
	高收缩纤维	一般指热处理收缩率为20%~50%的纤维,高收缩纤维用于制作人造毛皮、人造麂皮、合成革及毛毯等,毛感柔软、密实;也用于制作高密织物、立体花型织物、提花织物等
环保型纤维	天然彩棉	利用基因工程可培育生产具有天然色彩的棉花,使棉织物不用经过染色工艺就可以拥有一定的色彩,是环保纤维
	牛奶纤维	将牛奶去水、脱脂、加上糅合剂制成牛奶浆,再经湿法纺丝新工艺及高科技处理而成;牛奶丝织物柔软滑爽、透气爽身、悬垂飘逸、光泽优雅
	大豆蛋白纤维	将榨过油的大豆糟粕中的蛋白质提炼出来,再纺丝制得;手感和外观似真丝和山羊绒,柔软、滑爽,质地轻薄
	竹纤维	以竹子为原料,经过蒸煮水解、漂白精制成家粕,然后以氧化物溶解竹家粕,再纺丝而成;竹纤维是天然的超中空纤维,被誉为"会呼吸的纤维",是绿色无污染的环保性纤维
	Modal纤维	属再生纤维素纤维,其生产加工过程清洁低毒,废弃物可生物降解,是环保纤维,具有棉的柔软、丝的光泽、麻的滑爽,被誉为"人的第二皮肤"

续表

纤维种类		纤维特点
环保型纤维	Lyocell纤维	俗称"天丝"，是21世纪的绿色纤维，属黏胶丝，原料取自植物木浆，产品可回收或生物降解，具有柔和的触感和适中的弹性，吸湿快干、透气，染色性好，悬垂性好，抗静电
功能性纤维	变色纤维	其颜色可以随着环境而发生变化的纤维，显色材料受到光、湿、热、气压、电流、射线等外部刺激而显示某种色，或失去色或改变色，从而使纤维或织物变色
	阻燃纤维	采用阻燃纤维制成的织物，阻燃性持久，性能优良
	保温、调温纤维	可分为单向调温和双向调温两大类，双调温温度的材料具有随环境温度高低自动吸收或放出热量的功能，单向调节温度的材料则单纯具有升温保暖或降温凉爽的作用
	防紫外线纤维	在聚酯中加入陶瓷紫外线遮挡剂可制成抗紫外线涤纶，用于制作遮阳产品，具有较高的遮挡紫外线性能，而且其耐洗涤牢度和手感都较采用后整理方法制成的防紫外线织物好
	抗静电纤维、导电纤维	在织物中或纤维制品中间隔地织入导电纤维，可使织物具有抗静电性；金属丝也有抗静电性
	抗菌防臭纤维	在纤维上附加具有杀灭细菌及微生物的药物即制得抗菌防臭纤维，抗菌防臭纤维织物具有良好的保健功能，在医疗及居家床上用品、毛巾等卫生盥洗用品中应用广泛
	芳香纤维	芳香纤维能够持久散发天然芳香，具有安神或医疗保健的功效
	发光纤维	用发光材料制成的激活性光学纤维，应用这种纤维可开发夜间发光的家居布艺饰品、装饰壁挂等
	磁性纤维	磁性纤维能改善人体细胞极性，使肌体细胞有序化，易消除疲劳，使人感到舒适和安定，可开发医疗保健型家用纺织产品
	负离子纤维	负离子纤维在家纺中的开发利用将对居室环境、空气质量和人体保健具有积极作用；具有负离子释放功能的纤维所释放产生的负离子能够净化空气、杀菌、除臭

二、纱线的类别

纱线是由纤维沿长度方向聚集成型的柔软细长体，属纤维集合体。不连续的短纤和连续长丝因在形态和加工与组复合方式上的不同，构成纱线的三大体系（图7-1）。

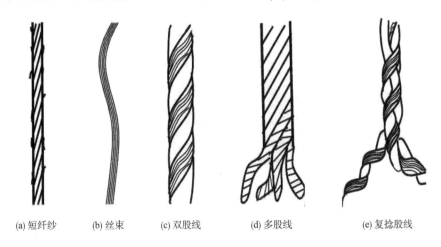

(a) 短纤纱　　(b) 丝束　　(c) 双股线　　(d) 多股线　　(e) 复捻股线

图7-1　几种常见纱线结构示意图

不同纤维或长/短纤维的组合，形成混合或复合纱线；纤维或纱的多轴系加捻合并又构成了股线及花式纱线，使纱线的品种、类别繁多，名称、分类各异（图7-2），各种纱线的分类方式见表7-3。

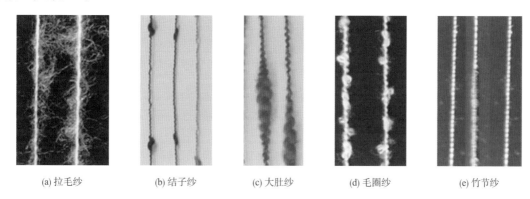

(a) 拉毛纱　　　(b) 结子纱　　　(c) 大肚纱　　　(d) 毛圈纱　　　(e) 竹节纱

图7-2　几种常见的花式纱线

表7-3　常用纱线的分类方式

分类方式	纱线名称			备注
按原料分	纯纺纱线			由一种纤维纺制而成
	混纺纱线			由两种或两种以上不同的纤维纺制而成
按纺纱工艺（不同的纺纱系统）分	棉纺纱			用棉纤维或棉型化学纤维纺成的纱线
	毛纺纱			用羊毛纤维、特种动物纤维或毛型化学纤维纺成的纱线
	麻纺纱			用麻纤维纺成的纱线
	绢纺纱			用不能缫丝的疵茧和疵丝为原料纺成的纱线
	紬丝纱			用制棉流程中末道圆梳机的落棉为原料纺成的纱线
按纱线结构分	短纤纱	单纱		短纤维集合成条，依靠加捻而形成单纱
		股线		两根或两根以上的单纱合并加捻而成股线
		复捻股线		两根或两根以上的股线再次合并加捻而成复捻股线
	长丝	单丝		一根长丝构成的纱
		复丝		两根或两根以上的单丝合并在一起的丝束
		捻丝		复丝加捻而成
		复合捻丝		两根或两根以上的捻丝再次合并加捻而成
	特殊纱线	变形纱（丝）		特殊形态的丝，化纤长丝经变形加工使之具有卷曲、螺旋等外观特征，而呈现蓬松性、伸缩性的长丝纱
		花式纱线	竹节纱	通过改变罗拉牵伸倍数，形成一定规律的、长短不一或粗细不一的粗节
			包芯纱	由两种纤维组合而成，通常多以化纤长丝为芯，以短纤维为外包纤维，常用的长丝有涤纶、氨纶；短纤维有棉、毛、丝、腈纶
			膨体纱	膨体纱由两种不同收缩率的纤维混纺成纱，然后将纱放在蒸汽或热空气或沸水中处理，收缩率高的纤维产生较大收缩，位于纱的中心；低收缩纤维收缩小，则被挤压在纱线的表面成型，得到蓬松、丰满、富有弹性的膨体纱

续表

分类方式	纱线名称	备注
按纤维长度分	棉型纱线	用棉纤维或棉型化学纤维在棉纺设备上加工而成的纱线
	毛型纱线	用毛纤维或毛型化学纤维在毛纺设备上加工而成的纱线
	中长型纱线	用中长型化学纤维在棉纺设备或中长纤维专用设备上加工而成的纱线
按纱线的用途分	机织用纱	用于织造机织物的纱线（经纱、纬纱）
	针织用纱	用于织造针织物的纱线
	起绒用纱	用于织造起绒织物的纱线
	特种用纱	用于织造特种织物的线（如帘子线等）
按纱线捻向分		可分为Z捻纱、S捻纱

三、纱线材料对纺织品图案的适应性

不同的纱线材料表现出不同的物理、化学性能，选用不同纱线纺制而成的纺织品也就会表现出不同的外观和性能特征，同样地，纺织品图案设计应随着纱线材料的不同而做出相应的改变。

通常，采用真丝、毛、麻等天然纤维并经过较精细的原料加工及较复杂的织造工艺得到的高档织物的成本较高，外观的视觉效果及内在的品质和手感均好。与高档织物的品质相适应，图案的绘制也必须显示较高贵的气质，题材的选择一般应以经典图案和时尚图案等为主，此外，也可选用抽象的几何形题材和民族传统图案（图7-3）。一般变化不宜过于繁杂，也不宜表现杂物器皿图案和卡通动物等儿童趣味的题材。色彩配置宜调和、高雅，一般不采用强烈对比的配置法。而利用天然纤维与化纤的交织以及多种化纤的交织等制成的中低档织物，一般成本低于真丝织物。中低档织物的使用面较宽，除用于一般服装外，还可用于各种室内装饰纺织品，所以，纹样的绘制要按不同需要和不同用途来考虑。一般题材范围较广，以中小花纹的大路货为主。色彩的配置是多种多样的，根据纺织品品种设计的要求可有单色、双色、三色对比及调和等多种配置（图7-4）。

图7-3　真丝纺织品图案

图7-4　家用纺织品图案

第二节　纺织品组织结构与图案设计

织物主要指机织物、针织物及非织造织物三类，平时所说的织物一般指机织物，是由两个相互垂直的系统的丝线在织机上以一定的规律交织而成的。

门幅即指织物的幅宽。因丝织物品种、规格的不同，幅宽也较多变，一般在70～140 cm，家纺类织物门幅达280 cm。

一、织物分类

织物按原料可分为全真丝织物、交丝织物、全再生丝织物、全棉织物、交织织物、合成纤维织物等，其他还有毛织物、麻织物、混纺织物等。

按用途可分为服饰用品、装饰用品、家纺用品、产业用品等。

按组织结构分为经、纬丝交织成直角，经、纬丝各自相互平行的普通类型织物，如富春纺、桑波缎、留香绉、素软缎等，起绒类织物如乔其立绒、天鹅绒、金丝绒等，经丝相互扭绞着与纬丝交织形成表面有孔的纱罗类织物，如窗帘纱、杭罗等。

二、影响织物图案设计的因素

（一）织物定位的影响

1. 高档织物

一般高档织物的品质取决于织物的原材料、加工工艺以及织物的整理手段。由于采用真丝、毛、麻等天然纤维并经过较精细的原料加工及较复杂的织造工艺，一般高档织物的成本较高，外观的视觉效果及内在的品质和手感均好。与高档织物的品质相适应，图案的绘制也必须显示较高贵的气质，题材的选择一般应以经典图案和时尚图案等为主，此外，也可选用抽象的几何形题材和民族传统图案。一般变化不宜过于繁杂，也不宜表现杂物器皿图案和卡通动物等题材。色彩配置宜调和、高雅，一般不采用强烈对比的配置法（图7-5）。

2. 中低档织物

中低档织物多数为合成纤维织物，有天然纤维与化纤的交织，也有多种化纤的交织，一般成本低于真丝织物。中低档织物的使用面较宽，除用于一般服装外，还可用于各种室内装饰纺织品，所以，纹样的绘制要按不同需要和不同用途考虑。一般题材范围较广，以中小花纹的大路货为主。色彩的配置是多种多样的，根据纺织品品种设计的要求可有单色、双色、三色对比及调和等多种配置（图7-6）。

（二）经纬密度的影响

织物的经纬密度直接影响织物纹样的精细程度，经纬密度越大，纹样的表现就可以越充分，细线条、小块面、点子均能呈现于织物上。反之，则不能随意表达。在经纬密度较小的织物上，不能绘画并列的细线条纹样，一般应以块面纹样表现为好，并且外形为锯齿形的小块面也不能在经纬密度较小的织物上得到较理想的效果，其纹样应具有相对完整的形状，最好采用清晰的块面表现,并且一个面与另一个面的边缘之间,应具有3根或3根以上的经丝或纬丝的间距(图7-7、图7-8)。

图7-5　高雅贵气的高档羊绒织物

图7-6　花色丰富的中低档织物

图7-7　缠枝花卉纹妆花缎

图7-8　块面千鸟格粗纺呢

三、织物原组织与图案设计

丝织品上图案花纹的形成是借花、地不同的组织或不同的原料相互组合来表现的。因此,纹样设计必须与织物的组织紧密配合。现以三原组织的平纹、斜纹与缎纹为典型,说明其组织对图案花纹的要求。

(一)平纹

花纹与平纹组织的配合有三种情况:地组织起平纹、花组织起平纹、花地组织均起平纹的重经、重纬或双层织物。其中,以地组织平纹的单层织物对花纹的各种技术处理要求最高,这类织物的花纹大多采用经花(缎纹),由于花、地组织的交织点数相差较大,使丝线张力不同，因此，花纹排列必须十分均匀，以免在织造过程中，由于花样布局不均匀而造成经向花纹累叠产生宽急经，如纬向花纹累叠，绸面会横向起弧形，形成波纹形的病疵。花纹的大小与布局要适中，花纹不宜过大，布局不宜过满，否则会使织物松软。

此外，花纹不宜太细碎，花纹之间的距离不宜太小，至少要有三纬的间隔，不然，平纹组织点易与花纹组织点相连而造成花纹边缘含糊不清。

花组织起平纹，地组织起缎纹或其他组织，一般平纹花少量应用，仅分布在次要部分作陪衬。如花软缎，其主花为纬花，配以少量平纹花以达到多层次的效果（图7-9）。

地组织与花组织均起平纹的织物，因平纹的组织点最多，因此，花纹可以表达得最充分、最细，层次最多。绘制花纹时，可采用中国画中的渲染（影光块面色）、燥笔、撇丝、塌笔等多种表现技法（图7-10）。

图7-9　缎地起平纹花的花软缎　　　　　　　图7-10　平纹地起平纹花织物

（二）斜纹

斜纹地的单层提花织物，对花样的要求不像平纹地的单层织物那样高，因为斜纹组织的经纬密度较大，丝线浮长较长，在松紧程度上与花组织较接近，不易产生病疵。所以，花纹绘制比较自由（图7-11）。

（三）缎纹

缎纹分缎纹地和缎纹起花两种。缎纹起花的花纹以块面表现为主，不宜画横线条，因为横线条的花断续而不连贯，易失去细线条的流畅感。相反，在缎地上起纬花，则不宜画过细的直线条。

缎纹地的单层提花织物较多采用正反表现形式。因为正反都是组织，所以，经纬张力不受花纹影响，花纹可以自由绘制（图7-12）。

图7-11　斜纹色织面料　　　　　　图7-12　织金库缎

四、提花织物与图案设计

提花织物属于机织物，是将经纱和纬纱按照一定规律进行交织沉浮，在织物表面形成花纹或图案的织物。按照花纹大小分为小提花和大提花，小提花织物受提升经丝的综框数的限制，多由变化组织或联合组织所构成，花样简单、花纹循环小、规律性强，如素浪纺、新意绉、桑条绸等；大提花织物采用色经色纬，运用多种变化组织配制交织而成，一个花纹循环的经丝数由所配提花机的纹针总数决定。目前，新型的电子提花机的纹针数达2万多针，已经能满足各种花幅提花织物的织造。

（一）提花织物类型

按照组织结构，主要分为单层、重经、重纬、双层提花织物四种类型。

1. 单层提花织物

单层提花织物出一组经纱、一组纬纱交织而成，组织结构简单，变化较小，图案和色彩变化也较单一，但织物经纬向紧度均匀，平整光滑。组织配置分为花地两组，常采用正反配置，地组织以平纹、斜纹、缎纹为主，花组织以不同浮长的组织通过反衬地组织来表现织纹效果，花地组织数在十种以下，织物正反面组织呈经纬互补效应。

制作单层提花服装面料，我国部分地区应用普通有梭机，采用1480针提花龙头进行织制。为保证产品具有高密度、大花型等特点，一般采用把吊装置。随着我国经济和科学技术的发展，无梭织机在纺织生产中得到充分应用，常规电子提花机如2400针、4800针等采用单造单把吊装造形式进行织制。在特定情况下，用4800针、6000针、12000针、24000针等电子提花机进行高档、个性化、特大型提花面料设计，这是当前我国纺织设计研发的重要方向。单层提花织物的设计生产虽不复杂，但在密度的确定、组织结构的合理配置、纹样的排列及经纬交织点间距和纵横兼顾等方面的要求较严谨。否则，易造成重大失误，严重影响产品的品质和应用。

单层组织结构提花织物的纹样以平面装饰型的变化图案为主，常采用清地纹样布局，用色以一组经色和一组纬色为基准，通过两色的不同比例混合产生多组中间色，形成纹样绘画的固定套色，套色数等于配置的组织数。如图7-13所示为五枚经缎与五枚纬缎组合构成的花型意匠图。

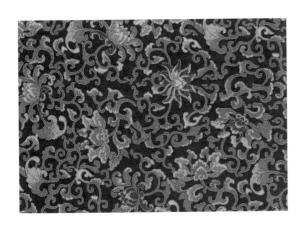

图7-13　单层提花织物

2. 重组织提花织物

与单层织物相比，重织物的重量、厚度、坚牢度以及保暖性等方面均有所增强。织物的正、反两面可具有相同组织、相同色彩也可具有不同组织、不同色彩。织物表面也可由不同色彩或不同原料形成色彩丰富、层次多变的花纹。

（1）重纬提花织物。重纬结构提花织物由一组经线分别与两组以上的纬线交织而成，织物表面效果以纬花为主，通过变化纬线浮长和纬线组合应用方式，形成各种混色织纹效果。在组织结构上，常用的有纬二重、纬三重、纬四重结构，组织配置分花、地两部，一般以纬线起花，经线表现地纹，织物正反面效果差异很大。

重纬结构提花织物的纹样设计以平面装饰图案为主，常用的题材有花草、动物的变形图案和抽象的几何纹理图案，少用写实的纹样。在用色上，以一组经色几组纬色的混合色为基准，配合组织结构的变化，确定所需使用的套色数，如纬二重提花织物，基准色为经一色、纬三色（甲纬色、乙纬色、甲乙混合色），共四色，若所配的基本组织是三种，则所需的套色数为12色。在纹样的排列布局上以满地、混满地和自由排列的花样为主。

代表性织物如下。

①花软缎。花软缎是以再生丝作经纱，真丝作纬纱的纬二重织物。其地部为单层组织，纬花部分为纬二重组织，一梭起花，一梭在底下衬以平纹。织物正面是八枚缎地，上面浮着再生丝纬花与平纹暗花。由于经纬所用的原料不同，对染色的吸色性也不同，织后经染练，花与地能呈现两种不同的颜色。花软缎图案以织物花卉为主，因缎面是用桑蚕丝织出，所以应多留缎面，以突出其良好性能。为克服缎面组织简单这一不足，花纹上可采用一色平纹暗花，或采用泥地影光及粗细线条的技法变化，使花纹粗中有细、美观耐看。花软缎的花纹排列，一般采用2~4个散点的规则散点排列法，也可采用连缀形、混地小花自由排列法。表现方法以写实花卉为多，但也可采用变形加工的装饰花卉（图7-14）。

图7-14 花软缎

②织锦缎。织锦缎是由一组经线与三组纬线重叠交织成的纬三重织物。纬起花组织按照花纹要求在起花部位起花，起花部分由两个系统的纬纱（即花纬和地纬）与一个系统的经纱交织而成。起花时，花纬与经纱交织使花纬浮在织物表面，利用花纬浮长线的变化形成花纹；不起花时，花纬沉在织物反面，正面不显露；起花以外的部分仍由地纬和经纱交织形成简单组织，此部分为织物的地部组织。

用甲、乙、丙三纬织造，甲纬除起纬花外，还与经线交织成八枚缎纹组织，故一般都选用与经纱相近的颜色，以保持地色的纯度。地色用中、深色为多。有甲、乙、丙三纬均作"常抛"，或甲、乙两纬作"常抛"，丙纬作"彩抛"两种织造方法。在丙纬作"彩抛"时，甲、乙两纬通常配成一深一浅两色，或轮流与作为主花的丙纬的包边，或相互包边，或一色包边，一色作底纹。甲、乙两纬贯穿于整幅图案，起统一全局的作用。丙纬作"彩抛"时，要根据花纹的色彩位置不断更换纬丝。"彩抛"色一般放在花纹的主要位置，起画龙点睛的作用，"彩抛"的位置要恰当，经常用"常抛"将其隔开，达到虽用"彩抛"却看不出彩条的效果。除用三色纬花外，还可用甲、乙、丙三色平纹及三色四枚斜纹，加上丙纬可抛出不同色彩及各纬之间相互包边，使得其绸面色彩丰富多彩。应用平纹和斜纹时应非常谨慎，分清主次、条理清晰。织锦缎图案风格种类较多，造型生动、结构灵活、布局多样、富有层次，纹样具有一定的装饰风格，题材以动物、植物、几何形素材为主；排列骨骼有清地散点排列、满地自由排列，连缀、重叠、几何形排列等多种排列形式。色彩选择一般连地配四色，即三色纬花色，一色地色。一般深色地配浅色效果较好，显得色泽艳丽，易于表现织锦风格。如以彩抛施色，则应根据组织设计的要求，表现出一定的点缀效果（图7-15）。

③古香缎。古香缎也是纬三重织物，经纬纱线和织锦缎相同，风格也和织锦缎相似。古香缎和织锦缎的差异体现在两个方面：一方面在纹样上，织锦缎大多为清地花卉图案，古香缎大多是满地风景、花卉纹；另一方面在结构上，织锦缎经纬密度较大，梭地一上纹结构，缎面光亮、细腻、紧密，纬花丰满，而古香缎经纬密度较小，组合地上纹，因此，质地较松软，不如织锦缎纯洁细致。织锦缎与古香缎的简便的区分方法是：从织物地部的背面加以区

图7-15　织锦缎

分，织锦缎背面显示乙丙纬混合色，而古香缎背面仅显示丙纬颜色。

　　根据题材选择的不同，分为风景古香缎和花卉古香缎，由于古香缎的缎地不如织锦缎细腻、高贵，因此，设计时往往用满地花纹来掩盖这一缺点。花卉古香缎的图案与织锦缎相似，而风景古香缎则主要以装饰性较强的山水、风景、人物、动物、虫鸟为题材，有的还以民间故事、神话、童话为素材，表现一定的故事情节。由于缎地稍差，故常用满地布局，为提亮绸面效果，可多用纬花，并适当增加面与线的对比。排列布局有以散点形式处理，有的则是一幅连续性较强的整幅图案。图案安排应把主题部分放在主要部位，并用"彩抛"加以突出（图7-16、图7-17）。

图7-16　风景古香缎　　　　　　　　　图7-17　花卉古香缎

　　（2）重经提花织物。重经结构提花织物经向由两组以上的经线与一组纬线交织而成，经起花组织的起花部分由两个系统的经纱（即花经和地经）与一个系统的纬纱交织。起花时，花经和纬纱交织使花经浮在织物表面，利用花经浮长线的变化形成花纹；不起花时，花经和纬纱交织形成纬浮点，即花经沉在织物反面。地组织可为平纹、斜纹或缎纹，一般以平纹居多，花纹组织多数为经面缎纹。由于重经纹织物是由两组或两组以上的经线重叠排列在织物内，同时，又因它们的组织和原料性质的不同，因此，要采用分造装造，目板也相应地用分造穿法。分造形式与纹、经线的排列比有关；当两组经线的排列比为1∶1时，前后造纹针数相等，采用双造；当排列比为2∶1时，则采用大小造。另外，由于各组经线的原料、织缩率不同，一般需设置两个或两个以上的经轴，并要分别控制经线的张力。一般张力较小的纹经穿入后造，张力较大的穿入前造。此外，为了减少摩擦，把提升次数多的经线穿入前造。常用的设计方式是用两组经、三组经来构成经二重、经三重的组织结构，由于新型生产设备对生产过程中经线张力的均匀度要求较高，所以，高档提花织物中的重经结构产品又以经二重结构为主，这种结构有利于开发具有双面装饰效果的服用和装饰用产品，适合装饰氛围不需要很浓烈的装饰环境。

纹样设计以简单的平面装饰图案为主，常用的题材有花草变形图案和几何纹理图案，由于绸面组织结构粗犷，无法表现精细的织纹，不适合写实纹样的织制。在用色上，以各组经色的混合色为基准，纬线色可以先不考虑，配合组织结构的变化，确定所需使用的套色数，如经二重提花织物，基准色为经三色（甲经色、乙经色、甲乙经混合色），若所配的基本组织是三种，则所需的套色数为9色，也就是该品种的纹样设计要用九套色来设计。在纹样的排列布局上，以清地、混满地花样为主，纹样效果较单一，色彩偏重和谐的搭配。

代表织物如下。

①留香绉。留香绉是经二重纹织物，练染后质地柔软，绸面上显出两种颜色的花纹，色泽鲜艳，花纹细致，织物地部由地经和纬线交织成平纹地组织，纹经在织物背面与纬线作有规律的接结。原料方面，地经采用桑蚕丝，纹经采用黏胶丝，纬线采用加捻桑蚕丝。织物以黏胶丝经面缎花为主，它包在桑蚕丝经面缎花周围，使花型显得清晰美观、鲜艳夺目。设计纹样时，须考虑织物组织、成品外观和原料等因素。留香绉为桑蚕丝平纹地组织，花纹以有光黏胶丝经缎花为主体，以桑蚕丝缎花作陪衬并采用黏胶丝花包边，以增强织物的光彩。由于织物细致，花纹间的间距必须要画成两格以上，使花型清晰。留香绉纹样一般采用中型清地写实花，散点排列（图7-18）。

②迎春绡。以高捻度的有光再生丝作地经、地纬，另一组上浆的再生丝作经线起花，经背面修花后练染。这一类双经轴造的全再生丝绡绸身轻薄、飘逸，花型清晰、美观，采用传统的修花工艺，是再生丝织物中的精品（图7-19）。

（3）锦类织物。锦是一种以重组织为基本结构而形成的具有花纹的提花丝织物，是中国传统丝织物。三大古代名锦（云锦、蜀锦、宋锦）以及壮锦、黎锦、土家锦等民族织锦，都代表了中国织锦技艺的杰出成就。

代表织物如下。

①蜀锦。蜀锦一直以"彩条经锦"为主要特征，即在彩条经线的基础上起花，这也是两汉时期织锦的主要形式。蜀锦的组织以经二重结构和经三重结构为主，如平纹经锦（变化经

重平）、斜纹经锦（三、四、六枚斜纹重经组织）织纹变化小，花纹靠多段和多组的彩经来显现，经二重结构用两种不同色彩的经线与一组纬线交织。表经显色，里经背衬，两组经线交替在表面起色显花，经三重结构则用三种不同色彩的经线与一组纬线交织，三组经线交替在表面起色显花，另两组则作里经背衬（图7-20、图7-21）。

图7-18　留香绸

图7-19　迎春绡

图7-20　雨丝锦

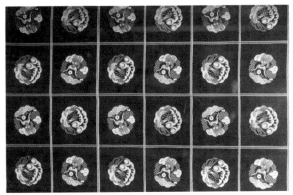

图7-21　方方锦

　　②宋锦。宋锦的经线分两组，地经用有色熟经，专织地纹，基本组织为经斜纹（三枚）和平纹。纹经（面经）为本白单根厂丝，用于压纬花浮长进行接结，地经与纹经的排列比常用2：1、3：1、6：1几种，因此，宋锦的生产一定要在双经轴装置上完成。宋锦纬丝采用多种色彩的真丝熟丝，分地纬常抛和特抛。特抛又称"活色"，用梭子轮流换色，多至20多种色彩，如故宫博物院藏明代宋锦"盘丝花卉纹锦"用了21色特抛，使织锦表面呈五花十色，绚丽多彩。宋锦根据工艺的精细、用料优劣、织物厚薄及使用性能的不同，可分为三大类：大锦（重锦）、合锦（细锦）和小锦（匣锦）（图7-22～图7-24）。

　　3. 双层提花织物

　　双层提花织物由两组以上的经纱分别与两组以上的纬纱交织而成。在织物结构上可以分成表、里两个层面。织物表面效果由表经表纬交织而成，里经里纬则交织成织物的里层，也

图7-22 《西方极乐世界》图轴重锦局部

就是织物反面效果。在设计上，常常通过变化表里经纬线的组合方式，表里经纬线的浮长和织物表里层的接结方法来形成各种混色织纹效果。在组织结构上，由于是双层组织结构，经纬线的交织方法复杂，所以，在产品设计上难度较大，在高档提花织物中，双层结构的设计常采用表里换层和表里自身接结的组织结构，组织结构较紧密，组织种类不多，以各种经纬线依次组合来形成织物的表面效果，这样，织物的经纬线组数越多，织物的表面效果越丰富。另外，由于是双层结构，织物的正反面效果产生互补。图7-25为双层织物中最为常用的表里换层提花织物整体及局部。

图7-23 四合如意纹细锦

图7-24 寿宁钱币纹匣锦

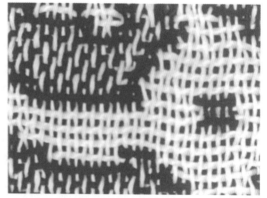

图7-25 双层提花织物与结构图

纹样设计以平面装饰图案为主，常用的题材有花草、动物的变形图案和抽象的几何纹理图案，织物经纬密大则织纹精致，织物的经纬密小织纹效果则粗犷。在用色上，以各组经纬色为基准，通过不同经纬的组合产生的经纬混合色作为绘画的基准色，配合组织结构的变化，就可以确定所需使用的经纬混合色的套色数。如由两组经两组纬构成的双层提花织物，经、纬各有二色（甲经色、乙经色、甲纬色、乙纬色），在双层结构中一共可以产生四种经纬混合色（甲经甲纬、甲经乙纬、乙经甲纬、乙经乙纬），以这四种经纬混合色为基准色，若所配的双层组织有三种， 则所需的套色数为12色。也就是在该种提花织物的纹样设计中，一共可以使用12种不同的色彩来表现纹样效果。另外，在纹样的布局设计上，以满地、混满地的纹样为主，若是清地纹样，应对地部进行处理，增加接结点或穿插碎小的花纹，避免出现较大的单色块面。

第三节　面料再造与图案肌理

自古以来，织物以其独特的柔软质感和丰富多彩的可塑性，成为人类衣食住行各个领域不可或缺的因素。为此，人类也和与生活密切相关的纺织品结下了不解之缘。历史上，在编筐、织席、结网的生产劳动中，先民发明了织布技术，其产品被用来代替由粗皮、树叶、葛根制成的御寒之物。纺织品的出现，也成为人类告别野蛮时代、进入文明社会的重要标志之一。

一、创意面料设计的概念

创意面料（re-worked fabric/recreated fabric），也称面料再造，主要指在原有纱线或织物的基础上，通过对纤维材料、纱线、织物结构和整理工艺的再创造，生产出具有新形式、新肌理和视觉趣味的新型面料（图7-26）。因此，作为面料概念的重要组成部分，创意面料不仅可以使用柔软的纤维，而且还可以选择非织造材料，其结构形式比传统的经纬织造方法更为丰富，在设计、工艺等方面比传统面料具有更大的灵活性。质感的变化也非常丰富多彩和随意（图7-27）。

创意面料设计是对服装等纺织面料的二次加工。在服装创作过程中，设计师为了充分表达自己的设计构思，在符合审美原则和形式美感的基础上，采用传统与现代的装饰手法，通过解构、重组、再造、提升来对面料进行再次创新设计，塑造出具有强烈个性色彩及视觉冲击力的服装外观形态（图7-28）。

二、创意面料设计的意义

在现代织物的演变历程中，新的纺织技术的出现往往使纺织品呈现更为先进的性能和样貌。例如，莱卡自1960年发明以来，就一直被用作泳装和女式内衣的材料，很快便被普通便装等所采用，并以其独特的高弹性、轻盈舒适、能突出人体形态特征等功能和审美品质而备受青睐。20世纪70～80年代的健身热潮使它更加出名，其可抗突然的大力拉伸、免烫性、工业裁剪过程中的可操作性以及和天然纤维的结合，均使得传统面料富有现代感。此外，将玻璃、金属、陶瓷、碳等非传统纺织材料应用于面料，从植物、果实、珍珠，甚至牛奶中提取纤维用于纺织加工，以及非织造面料、三维编织面料、光电子面料等高科技含量的纺织产品，不仅为纺织设计师的研究和设计提供了新的机遇和灵感源泉，也为后现代主义倡导的高科技、历史风、新工艺和多材料相融合的设计理念提供了更为广阔的创新空间。

创意面料的出现，可以看作是传统基础面料的发展演变和高科技面料支撑的必然产物。新颖独特的创意面料已成为服装设计和室内设计中提升面料附加值的重要途径。20世纪90年代，面料最显著的进步和发展趋势，是强调其功能特性的同时，在服装设计领域和家纺设计中实现传统工艺与现代技术的完美结合（图7-29、图7-30）。

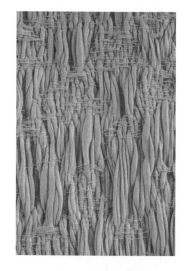

图7-26　褶皱效果创意面料　　　　图7-27　浮雕效果创意面料　　　　图7-28　创意面料案例

图7-29　非传统纺织材料创意面料案例　　　　图7-30　后现代风创意面料案例

三、创意面料设计的目标

（一）二次材料的再创造

在创意面料设计中，不能忽视的另一种设计手段，是利用二次材料进行再创造，从而产生新的面料。近年来，人类的环保意识不仅体现在净化环境、美化大自然方面，而且还体现在循环利用原材料、降低劳动力生产强度等方面。例如，莱赛尔纤维（LYOCELL）虽然和黏胶纤维同属再生纤维，但其优势即在于它的溶剂回收达99.7%，可以循环利用且无异味；再如，一种被称为"Vintage"的复古服装风格再次风靡全球，它是由旧衣服经过重新设计和重新生产而成的。因此，就创意面料而言，可以降低原材料成本，顺应环保和可持续发展的国际潮流。

（二）适应购物模式的转变

随着国民经济的快速发展和丰富多彩的文化生活，越来越多的人关注和追求时尚。虽然时尚在不同历史阶段有着不同的社会、政治、文化内涵，一旦形成便具有不可抗拒的力量。就服装而言，自20世纪以来，风格变化不断加速，在21世纪更加势不可挡。这一趋势最终导致人们的购物目的和购物兴趣，已经从曾经的需求购物模式向欲望购物状态转变。特别是在今天，当市场越来越开放的时候，国际潮流对现代人的生活产生了巨大的影响，同时，也进一步加大了创意面料在国际时尚领域的传播力度。

（三）适应个性化需求

除了国际化，"个性化"是导致创意面料快速发展的另一个因素。为了追求个性化，一些特殊人群开始对创意面料有了更为迫切的需求。在服装的构成要素中，面料的颜色、功能、肌理、质地和手感的差异是人们最容易一眼就感觉到其变化的。为此，近年来，国内外涌现了一大批设计、生产服装、加工面料的公司或工作室。他们的客户通常是活跃在时尚行业的成功人士，或者对时尚有特殊兴趣和需求的人士。为了向公众展示他们的差异，这个群体喜欢在一些特殊的场合与国际知名品牌共同打造自己，比如，参加一些重要的娱乐活动，穿着个性化的服装。当服装设计的色彩、工艺、功能等元素被设计师长期使用难以出新时，由创意面料制成的服装和室内家纺都得到了时尚倡导者的高度认可，并大有引领未来服装和室内家纺设计时尚的态势（图7-31~图7-33）。综上所述，如何将传统工艺与现代先进技术完美结合，如何降低原材料成本，提高产品附加值，顺应环保理念和时代要求，特别是适应

 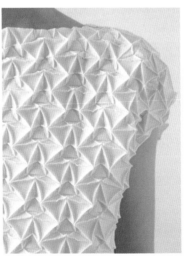 

图7-31　编结创意面料　　　　　图7-32　系扎创意面料　　　　　图7-33　多种材料结合创意面料

时尚化、个性化的审美要求，已经成为现代创意面料设计的核心目标。

四、创意面料设计的影响要素

（一）直接影响要素

1. 面料的原材料

虽然很难说人类第一次使用纤维的时间，但很长一段时间以来，麻、棉、皮革和动物筋条都被用来制造生活必需品，甚至人类毛发和动物毛发也被纺成了纱线。据史料记载，印度早在公元前3500年就出现了棉织物，公元前2000年才开始使用麻织物。直到21世纪，棉、麻、丝、毛等天然纤维仍然是织物生产的重要原材料。但是，随着20世纪30年代特别是80年代以后，化学纤维的大量出现，那些具有创新精神的纺织者不断探索出与传统意义上的纤维相去甚远的新材料，如磁带、金属丝、报纸、塑料等面料的研发活动。正是这些新材料的应用，使织物在材料和肌理上都呈现出崭新的效果。总之，随着人类文明的不断进步和科学技术的快速发展，纺织材料的使用势必将呈现出层出不穷的发展趋势（图7-34）。

2. 面料的结构设计

织物结构主要是指织物表面不同于印染所获得的图案或肌理效果。一般来说，织物的结构往往能创造出具有抽象意义的造型效果。同时，不同的面料结构也可以展现出不同的造型形态。例如，平纹产生点的视觉效果，斜纹产生线的视觉效果，缎纹产生面的视觉效果。如果这三种效果相互交错结合，可以产生点、线、面的混合构成。因此，面料结构变得耐人玩味，魅力无穷。

（二）间接影响要素

如今，时尚对市场的影响越来越大。与其他设计门类一样，面料设计也离不开时尚潮流，因为它引领着这一领域未来的发展方向。更准确地说，纺织领域的流行趋势几乎是驱动时尚产业发展的力量。时装是国际时尚领域的风向标，一直是一种约定俗成的说法。毫无疑问，无论是时装设计师还是家纺设计师，他们的创作活动都是从面料的选择开始的。目前，世界每年都会举办各种类别和层次的纱线或面料博览会。其中最著名的展销会包括"第一视觉（Premiere Vision）面料展"和德国法兰克福的"Interstoff 面料博览会"等。第一视觉面料展之所以吸引了众多设计师的注意力，是因为来自世界各地的面料设计师会利用这一机会向买家展示他们新开发的面料，而服装、家纺等领域的设计师们可以借此及时了解国际面料领域在材料、工艺，尤其是设计理念等方面的最新发展动态，这对于面料领域的从业人员来说，具有明显的指导和借鉴意义。今后，国内面料设计师要想在这一创新领域有所作为，必然离不开对国际流行趋势发展方向的关注、研究和实践（图7-35）。

五、创意面料设计的类型

（一）创意面料的立型设计

创意面料的立型设计，指改变面料的表面肌理形态，使其形成浮雕和立体感。如压褶、抽褶、褶裥、造花等（图7-36、图7-37）。

图7-34　各种纤维纱线

图7-35　法国"第一视觉面料展"现场

图7-36　抽褶服装案例

图7-37　抽褶效果细节

（二）创意面料的增型设计

创意面料的增型设计，指通过拼贴、刺绣、绗缝、吊挂等方法，添加相同或不同的材料，如珠片、羽毛、花边、立体花、绣球等多种材料的运用（图7-38、图7-39）。

（三）创意面料的减型设计

创意面料的减型设计，指破坏成品或半成品面料的表面，使其具有不完整、无规律或破烂感等外观。如抽纱、镂空、烂花、撕剪、水洗、砂洗等（图7-40、图7-41）。

（四）创意面料的钩编设计

创意面料的钩编设计，指采用面料或用不同的纤维制成的线、绳、带、花边等通过编织、编结等各种手法，形成疏密、宽窄、连续、平滑、凹凸等外观变化（图7-42、图7-43）。

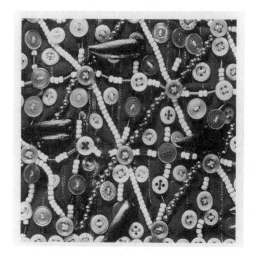

图7-38　纽扣、串珠缝缀增型设计

图7-39　宝石缝缀增型设计

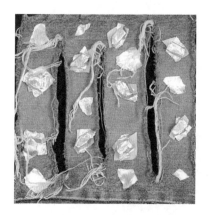

图7-40　牛仔撕剪减型设计

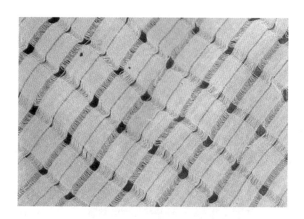

图7-41　菱形抽纱减型设计

图7-42　编织凹凸效果创意面料

图7-43　编结平滑效果创意面料

六、创意面料设计的方法

创意面料的工艺制作方法多种多样、不拘一格。归纳起来，主要包括编织、层叠、填充、抽纱、刺绣、镶缀、绗缝及物理化学处理八种常用制作方法。对于设计者来说，这些手法既可单独运用，也能综合配置。如果不拘陈规，充分发挥自己的创造力和想象力，还会在不经意间创作出更多极富魅力与趣味的新风格的创意面料。

（一）编织法

编织法，即把面料裁成带状，通过穿、绕、捆等编织的手法制造各种布面肌理。通常，编织法要借助木框钉子以及梭子等工具来进行。由于所采用的组织规律不同，可以形成肌理、质感、色彩、图案等变化莫测的面料效果。图为运用平纹结构编织的创意面料（图7-44、图7-45）。

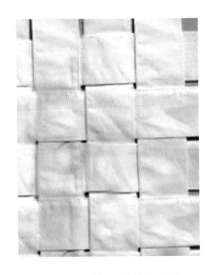 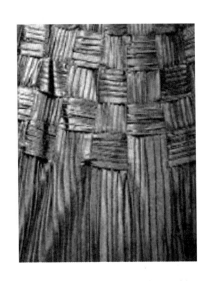

图7-44　平纹结构编织面料　　　　图7-45　平纹结构变化编织面料

（二）层叠法

层叠法，即融合了剪裁、排列、拼接、折叠、缝纫等方法的具有较强随意性的工艺制作手法，通过重叠、排列、组合等处理技巧结合疏密、凹凸、起伏等多种运动性的变化，改变衣服的质感和造型。它可以采用多种材料为元素，剪裁或折叠出各种造型，最后以手工或机器缝纫的方法将其拼接在一起，故此制成的创意面料具有层次感强的特点。通常，它是通过拼接碎料的形状、折叠方式和缝纫线迹共同来完成最终的面料效果（图7-46~图7-49）。

（三）系扎法

系扎法，即是在一块布上通过线与点的连接，使面料呈现出浮雕的外观，看起来生动而有独特感。根据在面料上的连线，点的距离的长短和连线点方向的变换，形成的图案可大可小，可连可断，并且耐水洗，不松散，是一种独特的设计表现手法（图7-50~图7-52）。

（四）填充法

填充法，即一种包括缝纫、填充、包裹等方法的创意面料制作手段。通常，用于包裹填充物的外部材料多种多样，或透明以示内部材料的色与质，或不透明仅强调面料的立体感。

图7-46　排列剪裁拼接

图7-47　平面剪裁拼接

图7-48　不同材料层叠拼接

图7-49　不同形式拼接

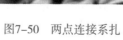

图7-50　两点连接系扎

同时，其线型的塑造既可呈规则形状来表现其秩序感，也可呈不规则形状，如粗细变化、内外颜色不同等，来强调其韵律感和多变的层次（图7-53、图7-54）。

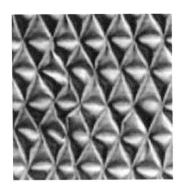

图7-51　三点连接系扎

图7-52　多点连接系扎

图7-53　填充法创意面料服装案例　　　　　图7-54　填充法创意面料手袋案例

（五）抽纱法

抽纱法，即将原始面料根据设计的需要，抽去部分经线或纬线形成创意面料的一种制作手段。抽纱工艺技法繁多，主要有抽丝、雕镂、挖旁布及钩针通花等。利用该工艺制成的面料，具有虚实相间、层次丰富的艺术特色（图7-55、图7-56）。日本时装设计大师三宅一生为了使服装更具灵透、性感的衣着效果，常常在创作中采用该工艺。

图7-55　抽纱浮雕效果创意面料

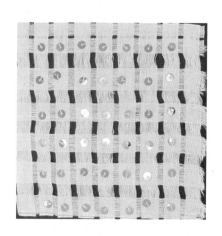

图7-56　抽纱平面效果创意面料

（六）镶缀法

在面料上镶嵌、装饰布条、毛条等纺织类材料或者缀饰珠子、贴片烫钻、金属扣、金属气孔等非纺织类材料，以此达到画龙点睛或增加特定装饰效果的工艺制作手法，称为"镶缀法"。钉珠是在面料表面装饰珠子等的艺术手法，在实际设计中，亮片、布片、扣子、链子、碎金属、线绳等都可以钉缀在面料上设计造型。作为点缀，在选择这些饰物时，一定要考虑其与底布的色彩和质地的搭配及其排列方式，如疏密、秩序等（图7-57、图7-58）。此外，镶缀法还可以和其他诸如镂空、编织、刺绣等手法结合使用，以取得更为独特的造型效

图7-57　部分镶嵌扣子

图7-58　满地镶嵌珠片

图7-59　分区域镶缀不同材料

果。例如，图7-59是在透明黑纱上装饰塑料珠子与珠片的镶缀法创意面料。由于在色彩和材质上能够做到既彼此对照又相互辉映，因而使作品具有鲜明的统一与变化的美感特征。

（七）绗缝法

绗缝法，在两层织物中间加入适当的填充物后再缉明线，用以固定和装饰，使其产生浮雕效果的工艺手法，具有保温和装饰的双重功能。该法属于传统的面料构成方法。针码、线迹、缝纫方式以及平缝或托衬填充物以求立体效果的缝法等，都是影响最终面料形象的设计关键。其中，针码、线迹等构成的线形，既可以是规则线形（如直线或曲线），也可以根据构思需要做非规则的处理（图7-60、图7-61）。

图7-60　绗缝平面效果

图7-61　绗缝立体面料

（八）物理、化学处理法

物理、化学处理法是对面料进行后处理后形成新形态的方法。物理方法是在面料内部结构相对稳定的情况下，使面料发生外部变形，如烫压、褶皱、起拱、涂料等塑造形式（图7-62）。化学方法是通过改变面料的内部结构和组成，从而改变面料外部形态和面貌的过程，如腐蚀、电镀、剥离、涂层等，使面料的表面效果因内部的变化而不同。例如，日本服装设计师三宅一生在服装设计过程中，非常重视物理、化学处理法的研究和应用，别出心裁地增加了面料表现力和艺术个性，在国际时装领域中取得了极高的成就和声誉。图7-63是通过电镀形式获得面料金属效果的示例。三宅一生在物理和化学处理方面的尝试与贡献，为现代创新面料的发展起到了很大推动作用（图7-64）。

总之，随着纺织技术的飞速发展，设计师创造性思维的提高和人们对生活质量的更高要求，基于传统纺织业发展平台的创意面料设计将承载着为人们提供更高审美趣味和便利生活的责任，推动着与人类休戚与共的纺织品艺术走向更广阔未来（图7-65）。

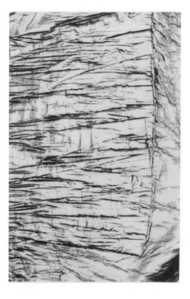
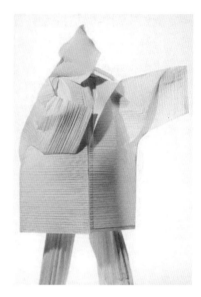

图7-62　物理压褶立体效果　　　　图7-63　化学电镀效果　　　　图7-64　物理法创意面料案例

图7-65　创意面料优秀服装案例

思考与练习

1. 纱线原料的不同类型对图案设计有哪些影响？

2. 面料不同组织结构与图案设计有何联系？

3. 阐述面料再造的几种表现方式，对图案肌理的创意表现有哪些影响？

第八章　纺织品图案设计与消费市场

教学目的： 主要阐述纺织品图案设计与消费市场的关系，包括对消费心理、消费动机、消费行为、市场类型等因素对图案设计的影响，使学生在明确设计对象的类型与特点的基础上，有针对性地进行纺织品新图案花色设计，提升学生设计的市场接受能力。

教学要求： 1. 使学生理解消费心理过程与图案设计的关系。
2. 使学生理解消费动机类型与图案设计的关系。
3. 使学生理解消费行为特点与图案设计的关系。
4. 使学生理解不同消费市场与图案设计的关系。

课前准备： 教师准备相关消费心理与消费市场的图片以及应用的实例图片，学生提前预习理论内容。

　　纺织品图案设计是纺织品生产过程的关键工序之一，为具有实用功能的纺织产品赋予了新的美学意义，从物质与精神两方面满足消费者的需求，进而丰富和活跃纺织品消费市场。图案设计师的创造，绝不是信手拈来的随意操作，也不是个人的自我表现与欣赏，而是根据现代市场的特点，为满足消费者的需求的创造，即"作品—产品—商品"三位一体的完整体系。因此，设计者与消费者的需求动向，是一种必不可少的联系，而反映消费动向、趋向的主要线索，正是依靠市场来提供。

第一节　纺织品消费心理与纺织品图案设计

　　消费者在消费活动的全过程中所发生的心理活动是有关消费的客观事物和消费者本身需要的综合性反映，是消费者主观与客观的统一。在这个过程中，消费者不同的心理现象，对有关消费的客观现实的动态反映，就是消费者的心理活动过程。

　　消费者的消费活动，主要是围绕购买和使用进行的，这一过程中的心理变化是复杂的，这种变化状况一般可分为认识、知识、评定、信任、行动、体验六个阶段。正是纺织消费者在消费过程中的心理现象对客观事物服装、面料、纺织装饰品等的动态反映，这些阶段一般又可概括为三种不同但又相互依存、相互促进的心理过程，即认识过程、情绪过程和意志过程，认识消费者的心理过程，是纺织品图案设计者调动造型要素、特长，按消费者心理活动特点发挥图案促销作用的依据。

一、消费者的认识过程与图案设计

消费者心理活动是消费者纺织品消费活动的开始。这一过程由认识阶段和了解阶段组成，是消费者对纺织品的系列消费行为发展的基础。

消费者对商品的认识，是消费者对纺织品属性的各种不同感觉加以联系和综合的反映过程。这个过程主要依赖消费者的感觉、知觉、记忆、思维等心理活动。纺织品直接作用于消费者相应的感觉器官，如触觉、视觉、听觉、嗅觉和味觉，通过神经系统将信息传至大脑，产生对商品孤立而表面的心理反应，获得面料的色彩、花型、软硬、厚薄、粗细、透明度、悬垂感、保暖性、透气性等个别属性，初步产生诸如新颖、时尚、美观、高档、华丽、温暖、柔软、滑爽、平挺等感觉。

感觉是消费者了解纺织品的开端，消费者的意识还会在感觉的基础上经过综合，形成对纺织品的整体反映。感知则是消费者对纺织品认识的初级阶段，是消费形成记忆、思维、想象等一系列复杂心理过程的基础。在此基础上，消费者才能对纺织品产生情感信任，采取购买行动，而产生感知的重要条件就是，纺织品对于消费者具有一定属性、强度的刺激。纺织品的色彩造型、款式，正是利用视觉艺术语言强化刺激，促进消费者的消费行动而积极发展的有效手段。纺织品绚丽多彩的花色，时新的成品款式，醒目的品牌商标，鲜明的包装、展示，生动的营销手段，对加深消费者印象，促进购买的消费行动起着极大作用。

消费者对纺织品的认识，包括通过感觉和知觉认识纺织品的外在联系，以及以表象的形式向思维过渡，进入认识的高级阶段，即理性认识阶段。消费者通过感知某种商品的个别属性及整体形象后，运用分析、综合、比较、抽象、判断、推论等思维形式，理解纺织品的材质，评定纺织品的内外品质，预想纺织品的使用效果，以及所能获得的心理满足。消费者在这一思维过程中，一般较易做出消费决策。纺织品图案设计，要充分利用造型艺术的视觉语言，根据纺织品的性质与消费对象不同，在纺织品生产与销售的各个环节发挥作用，如采用新奇、醒目、鲜明的造型和色彩，加强纺织品的展陈效果，达到主次分明、引人注目效果。或者采用生动的、寓意的、象征的图案，增加纺织品的趣味和个性情感，使消费者产生共鸣，形成良好的印象。抑或采用富有形式美感的构图、别致潇洒的技法，引起消费者的美感联想，激发消费动机，进而实现消费行动。

综上所述，消费者对纺织品的认识过程，是从感受到感知再到思维的过程，它是消费行动的前提，而图案设计正是有力促进消费心理顺利发展的重要手段。

二、消费者的情绪过程与图案设计

消费者对待客观消费现实是否符合自己的需要而产生的态度体验，就是消费心理活动的情绪过程。消费者对纺织品的情绪色彩，是由在选购商品时消费者的生理性需要与社会性需要决定的，由于需要的不同，引起消费者不同的内心变化和外部反应，形成消费者在消费活动中所表现的十分复杂的情绪，并贯穿于消费心理活动的评定阶段和信任阶段，主要分三大类：积极的情绪，如愉快、欢喜、热爱等，对消费行动起促进作用；消极的情绪，如愤怒、厌恶、恐惧等，对消费行动起抑制、阻碍作用；双重的情绪，如满意不满意、欣喜又忧虑等存在对立的情绪，可引起消费者极大的变化。一般消费者情绪的产生和变化主要受下列因素的影响。

（1）购买现场。购买现场是影响消费情绪的首先条件，如纺织品商场内宽敞、明亮、色彩明快又柔和，陈列美观协调，温度适宜，加上美妙的音响、闪烁的灯光等多种艺术的时空综合效果，定能引起消费者愉快的、积极的情绪，反之，则会引起消费者产生厌烦、厌恶、失望等消极情绪。

（2）纺织品的影响。情绪是伴随一定的认识过程发生，并随着认识的深度与广度而发展变化的。消费者对纺织品的认识过程将引起情绪的发生、发展及变化，影响情绪的性质和程度，如消费者选购纺织品过程中，可能产生对立的情绪变化：满意—不满意；也可能产生深化的情绪变化：喜欢—欣喜—狂喜，或疑虑—不满—失望等。作为图案的设计者就要增加设计的象征性、装饰性、趣味性、时新性、美感性、功能性，强化艺术效果、服用效果，以加强纺织品的吸引力和享受度，以利于促使消费者的购买情绪向顺利的深入方向发展。

（3）个人情绪的影响。消费者在消费过程中的情绪倾向，是以他的心理状态背景为基础的。消费者的心理状态背景有多方面的内容，包括审美需求、促进产生积极的消费情绪等。

（4）社会情感的影响。社会情感是消费者的高级社会性情感，由社会性需要而引起，可归纳为道德感、理智感和美感三类：①道德感，是消费者按社会道德行为准则评价事物时所产生的一种情感，如在我国，内容健康向上、形象美观的纺织品图案易引起消费者的好感，从而产生积极的情绪，而内容黄色、反动、丑恶的图案则是社会道德不容的东西，消费者必然产生厌恶的消极情绪；②理智感，是消费者的求知欲望是否得到满足所产生的一种情感，如消费者对纺织品新品种花色所产生的疑虑感、求知感、好奇感、自信感和犹豫感等都属理智感，加强新图案花色的展示、陈列、宣传、广告、介绍、说明、表演等工作，逐步使消费者求知欲望得到满足而产生积极的购买情绪；③美感，它是消费者根据审美的需要，对客观事物或社会现象和它们在艺术上的反映进行评价所产生的体验。由于消费者的心理背景和审美能力、地位、爱好、情操、文化修养、实践经验等方面的差异，加上地区、民族国度、阶级、传统习惯等方面的差异，形成对商品的不同美感。如不同消费者对纺织品花色的评价和美感要求是不同的，反映了每个消费者的审美观点是不同的，这就要求图案设计者创作丰富多样的图案花色，以满足不同消费者的审美需求，促进产生积极的消费情绪。

三、消费者的意志过程与图案设计

消费者在消费活动中表现为有目的地、自觉地支配调节自己的行动，从而实现既定消费目的的心理活动，就是意志过程。它是消费者消费活动得以产生和发展完成的心理保证。它有两个基本特征。

1. 消费目的明确

消费者对纺织品的意志过程，常在有目的的消费行动中表现出来，体现了人的心理活动的自觉能动性。如消费者为了满足自己的需要，在选择纺织品时总是经过思考，而明确提出购买的某种花色，然后有意识、有计划地根据这一目的支配和调节消费行动，使其内部心理活动向外部转化。

2. 消费意志坚定

消费者心理活动的意志过程是排除干扰与克服困难的过程，意志可以制止与预定目的相矛盾的情绪和行动，这是意志对人的心理状态和外部动作起调节作用的又一表现。

消费者意志行动的心理过程一般分为两个阶段。

（1）准备阶段。做出消费决定，是采取决定的阶段，这一阶段是意志行动的初级阶段，它主要表现在动机的确立、目的的确定、选择方法和制订计划等方面，在这个阶段里，消费者主要克服心理冲突，战胜内部困难，及时做出消费决定，实际上是消费者在购买纺织品前的准备阶段。

（2）行动阶段。实行消费决定，是采取实际行动的阶段。消费者在这个阶段的表现，主要就是根据既定的消费目的采取行动，既要克服内部困难，还需要排除外部障碍，把主体意志转化为实现消费目的的实际行动。

意志过程不仅明显地支配调节纺织品消费者的外部活动，而且对其内部活动发生较大的作用，对于推动消费者的消费心理的发展，实现消费行为起积极作用。图案设计师针对该阶段消费者心理的特点可提供多品种、多花色、多功能、多个性、多风格、多品质的纺织品，从广泛的角度适应消费者心理上的需要，排除消费者内部、外部各种障碍，使消费纺织品的主体意识转化为购买、使用纺织品的实际行动。

消费者心理活动的认识过程、情绪过程和意志过程，是消费者消费心理活动的有机统一的三个方面，彼此渗透，互为作用。具体心理活动过程如图8-1所示。

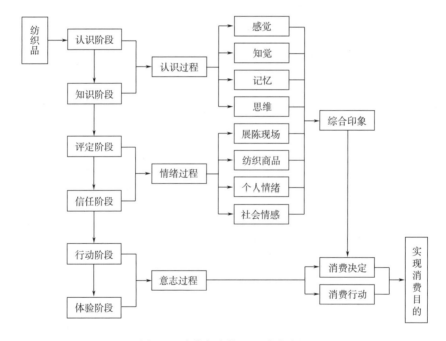

图8-1　消费行为的心理活动过程

对纺织消费者消费活动的整个心理过程的分析，可发现良好的环境气氛，对消费者的认识过程、情绪过程、意志过程都会起积极的促进作用，因为人的情绪极易受气氛感染，良好的气氛能唤起消费者潜意识，诱发消费者的内部驱动力，激励消费者采取下意识行动，从而改变原来预定的目标计划。不难想象，纺织品如果没有美的图案将是枯燥单调、索然无味的。可见，纺织品图案设计对消费者直观氛围的营造具有很大的作用，是影响纺织品消费心理、决定消费行为必不可少的因素。

第二节　纺织品消费动机与纺织品图案设计

消费者的消费动机是消费行为发生的原因或条件，是消费者心理的表现，也是市场信息的重要内容之一，与图案设计关系十分密切。

一、消费动机的形成

动机是激励人们行动的原因，是个体基于某种欲望所引起的心理冲动。在消费活动中，动机是直接驱使消费者实行某种消费行为活动的内部动力，它反映了消费者在心理上、精神上和感情上的需要，实质是消费者为达到某种期望而采取消费行动的推动力。纺织品消费动机虽然复杂，但基本由需求与刺激两个因素组成。

（一）消费者的需求因素

需求是人有意识、有目的地反映客观现实的动力，是制约消费者产生消费行为的内因之一。人的需求根据马斯洛需求层次理论，分为生理需求、安全需求、社交需求、尊重需求和自我实现需求五种，可归纳为生理与心理两大类别。生理需求是人在自然发展过程中形成的有机体为保护和维持生命及延续种族所必然产生的最基本的需要；心理需求是在人类社会历史发展过程中形成的，人类为提高自己物质和精神享受而产生的社会性高级欲求，是人类特有的。受生活环境、生产条件、社会风尚和个人的个性特征的影响，随着生理需求的满足，人类对心理需求的要求也越来越高。

消费者的心理需求有伸缩性、复杂性、发展性、可变性四个鲜明的特点，各种心理需求的表现，在消费者实际消费活动中交叉结合，形成不同的消费动机。

（二）消费者的刺激因素

刺激因素是形成消费动机的又一重要原因。消费者的消费动机来自于身体内在生理机能或外界事物的刺激，使主体产生一种驱动力而形成对某种纺织品购买或不买的动机。

由需求和刺激形成的消费动机是十分复杂和多样的，有主导性和辅助性的区别，有明显清晰或模糊隐蔽的不同，也有稳定的、理智的消费动机和有限度的、冲动性的消费动机。

二、纺织品消费动机的分类

结合纺织品消费心理要素，纺织品消费动机分类如下。

（一）生理性消费动机

消费者购买和使用纺织品的动机如果是由生理因素而引起，称为生理性消费动机，如因防晒、保暖、避寒、隐藏、遮掩等生理性和安全性需要，而形成的对纺织品的消费动机。

由生理性因素引起的消费动机，是消费者本能地促使消费的内驱力，一般应是较明显与稳定的，具有普遍性与主导性。但在现代纺织品市场上，单纯受生理需要驱使而采取消费行动的消费者不多，即使如此也要同时考虑其他心理需要的满足可能，如服装、家纺的表现欲、享受欲、竞争欲，都有可能同时并存于生理性动机形成的消费行为中。生理性动机是消费者动机的基础和先决条件，其他心理性消费动机是在其基础上发展强化的。

（二）心理性消费动机

由于消费心理性需求十分复杂，因而形成的纺织品消费动机也是多样的，特别当社会发展到一定水平，物质需要得到满足时，心理消费动机开始起主导作用。现把心理性消费动机分述如下。

（1）消费者的社会性心理动机。社会因素是引起纺织品消费者消费心理性动机的根源之一，如社会的地理环境、风俗习惯、科学文化、经济状态、阶层群体等影响，都会激励消费者的社会性需要纺织品的消费动机。

（2）消费的个体性心理动机。个体因素是引起纺织品消费动机的又一根源，消费者由于性别、年龄、性格、爱好、能力、愿望等因素的影响，会产生激励其选购适合本人心理状态的纺织品消费动机。例如，消费者在选择纺织品时，首要是把自己打扮得更美，或把住宅装饰得更为舒适美观。

在很多情况下，上述消费动机相互间联系密切，往往是同时发生作用，促进或阻止消费行动。

三、针对消费者消费动机的图案设计

在现实生活中，消费者选择纺织品，往往是寻求纺织品消费欲望的满足。消费者的消费动机不论是生理性，还是社会性或个体性心理，都可理解为消费者关于纺织品的某种欲望得到满足。因此，图案设计师研究消费者的欲望或需求，认识不同动机产生的根源进行针对性设计，就能促使消费者形成稳定的消费动机，采取消费行动。

1. 针对社会心理的图案设计

根据消费者所处的地理环境与风俗习惯、历史传统与文化水平、经济状况与生活方式、社会群体与价值观念等主要因素，抓住社会重大事件、权威性影响、流行时尚，面对消费者的同步、优越、趋美、新奇、求名、好胜、追随等消费动机，采用给予欲望满足的图案设计决策，增强象征意味的表现，往往能促使纺织品图案设计获得最佳效果。

2. 针对消费者个体性心理动机的设计

图案设计者根据市场情况，研究和预测消费者的普遍心理与个别心理，分析其兴趣爱好、情感、愿望等心理趋势，针对爱美、优越、模仿等欲望，同样采取给予欲望满足的设计决策，设计出富有新奇性、趣味性、联想性、象征性、审美性、权威性、多适性、流行性、延续性，又具题材广泛、构图新颖、色彩丰富、技法多样、工艺精美的纺织品图案，使各类消费者都能各取所需地满足自己的欲望。

第三节　纺织品消费行为与纺织品图案设计

消费者的消费行为是市场流行情况的另一重要问题，也是纺织品消费市场与图案设计关

系密切的内容之一。

一、消费行为分类

消费者的消费行为千差万别，主要分为以下几类。

（一）按消费者消费目标的选定程度分类

（1）消费者消费的选定目标、消费行为明确肯定。其特点是消费者已经过选择、评定，到达信任、行动的阶段，这时的消费行为完成困难不大。

（2）消费者有大致的消费意图，但消费目标还不十分明确，还需经过实地观察、选择、比较来选定完成，其特点是消费者只有初步的认识，消费行为完成的困难较大。

（3）消费者没有明确的消费目标，在市场采购过程中，碰到感兴趣与合意的纺织品时也能采取的消费行为。其特点是消费者对某种纺织品的消费心理过程尚未完成，消费行为具有潜在的可能。

（二）按消费者消费态度与要求分类

1. 习惯型

根据由知识、见解、感情或信任建立起的信念而决定的经验消费者，这类消费者多选择自己熟悉、习惯的纺织品，这种消费行为很少受时尚的影响。

2. 慎重型

慎重型即理智型，此类消费者在研究或比较纺织品时，以理智为主，感情为辅，主观性较强，对纺织品有一定认识，了解行情，表现为选择仔细、反复比较而不动声色的消费行为。

3. 价格型

价格型即经济型，多从经济角度考虑，对纺织品价格敏感而不太计较外观，消费者出于经济条件和心理需要的不同，有的认为便宜无好货，有的却喜欢廉价商品。

4. 冲动型

此类消费者的个性心理反应快速、敏捷，在选择纺织品时易受纺织品外观影响，品牌追随性强，较为直观，美观、时尚的纺织品对其吸引力较大，往往能快速地做出消费决定。

5. 感情型

感情型是个性心理兴奋性较强，情感体验深刻，想象力、联想力特别丰富，审美感觉也较灵敏的消费者，这类消费者对纺织品中富有想象力的造型、花色特别感兴趣，往往会以纺织品的品质是否符合其感情需要来确定消费决心。

6. 疑虑型

疑虑型消费者善于观察细小事物，行动谨慎，在纺织品消费活动中往往"三思而后行"。

7. 不定型

不定型即随意型，多数是新的消费者，缺乏纺织品方面的购买经验，消费心理不稳定，对纺织品没有消费主见，易受其他因素影响。

8. 青年型

青年型也是不定型的消费行为，但往往能成为新产品的消费主导，也是服装销售最活跃的主力军。

以上八种消费行为类型，在纺织品消费行为表现中占主体，不同类型对纺织品的消费有不同的要求，表现为不同的消费强度与习惯。

（三）按消费者消费现场的情绪反应分类

1. 沉静类

此类消费者消费过程平静且灵活性低，反应比较缓慢而沉着，现场环境对其影响不大，对纺织品的消费持慎重态度。

2. 温顺型

指消费行为表现为个性心理特征外表不露，而内心体验较持久的消费者。这类消费者选用纺织品时，往往易受主流影响而采取跟风行动。

3. 活泼型

这类消费者消费过程平衡而灵活性高，能很快适应新环境，兴趣广泛但感情易变，这种心理特征表现在纺织品消费行为上，往往言谈多于行动。

4. 反抗型

这类消费者个性心理特征具有高度的情感易感性，性情怪僻，多愁善感，在纺织品消费过程中，对别人意见持不信任态度。

5. 激动型

具有强烈的心理兴奋过程和比较弱的抑制过程，情绪易于激动，暴躁而有力，对纺织品有狂热表现的消费行为。

上述消费者的消费行为的分类，由于消费心理的复杂性，消费动机、目的、情绪不同，以及选购环境方式、纺织品类型、供求状况、服务质量等因素差异，都会随时影响消费者，因而使消费者的消费行为不一定清晰、稳定，消费者的消费行为类型对纺织品的消费活动具有相同的性质，是纺织品图案设计师面对消费者设计的又一重要依据。

二、消费者的个性心理特征

从心理学的角度看，个性是表现为人的经常、稳定、本质的心理特征，是在人的生理素质的基础上，受一定的社会物质生活和文化教育环境的影响，并通过社会实践活动逐步形成的。消费者个性心理特征是构成独特色彩、千差万别的消费行为的心理基础，也是市场流行中仔细而复杂的内容，消费的个性心理表现是多样的，通常由个人的能力、气质和性格等个别特点所表现。

1. 消费者能力的差异

能力是人能够顺利完成某种活动，并直接影响活动效率的个性心理特征。消费者的消费行为与消费者自身的注意力、记忆力、思维力、想象力、决策力、审美力等方面有关，由于人的素质、阅历、文化和教育等不尽相同，形成人的能力有差异且复杂，因而使消费者的消费行为表现为多样化。

2. 消费者气质的差异

气质是人的典型稳定的心理特点，表现为人心理活动、动力方面的特点。个体的气质差别使每个人在各种活动中的心理表现产生不同的动力类型，形成各自独特的行动色彩。由于气质具有明显的稳定性和持久性，使具有某种气质的消费者，在消费行为方式上表现出相同的心理动力特点。

气质对消费者的消费行为影响较大。不同气质的消费者对纺织品图案的反应也是不同的，如兴奋型气质的人，对纺织品新图案敢于领先、追随、模仿，而对图案品质却不十分讲究，一般欢迎具有鲜明个性的图案造型与色彩；沉静型气质的消费者大多喜欢常用的、习惯的图案，而对流行花派色彩持保守、观望态度；活泼型气质的消费者，是流行时尚的积极倡导者、传播者和创造者，特别喜爱别出心裁又有新奇感的图案；安静型气质的消费者，对图案要求讲究，十分细致，喜爱富有趣味性和情感联想的，又有形式美感的图案。图案设计师如果掌握了消费者的各种行为与气质的关系，可充分利用气质的积极方面，控制其消极方面，从而提高设计的市场认可度。

3. 消费者性格的差异

人在对客观现实的态度和行为方式中，经常表现出的稳定倾向就是性格，它是消费者个性中最显著的心理特征。性格与气质都以人的高级神经活动类型为基础。消费者各自所习惯的消费行为方式，首先取决于人对现实的态度，其次取决于各自的认识、情绪和意志。这些消费心理过程的理智特点、情绪特点和意志特点，是构成人们不同性格的主要根源。

消费者的个体性格形成了各种独特的消费行为，往往表现在对纺织品图案的消费中所持的态度和习惯，一般分外倾型、内倾型、理智型、情绪型及意志型等。消费者的性格由于受周围环境、理智、教育、修养等因素的影响，但消费者的个体性格对其消费态度、消费情绪、消费决策和消费方式的影响是客观的，图案设计师应通过充分的市场调研才能把握和认识。

第四节　纺织品消费市场的分类与图案设计

不同类型的消费者群体，其心理现象不同，因而形成了消费者选购纺织品的不同表现。根据消费者年龄与性别的不同，可把纺织品消费者的目标市场分为儿童与少年用品市场、青年人用品市场、成年人用品市场、老年人用品市场、男性用品市场、女性用品市场等。现着重分析与纺织品图案设计有关的市场消费群各自不同的心理特点。

一、儿童与少年纺织品消费市场的心理分析与图案设计

儿童与少年纺织品市场，可细分为1~3岁、3~6岁、6~12岁、13~17岁四个年龄阶段。

（一）儿童的心理发展与消费心理特征

主要指学龄前儿童，其消费心理随着对象与认识的发展而不断发展变化。儿童中特别是女孩，对衣着打扮有较早的认识，儿童消费心理特性主要有以下表现：①从纯生理性需求逐步发展为带有社会性的需求；②给予性消费逐步向模仿性消费、有个性的目标性消费发展；③消费者情绪从不稳定向稍稳定性变化，具有易变化、易感染、易冲动三个特点；④对纺织品的认识大多感性、原始、直观，对富有童心、趣味题材的纺织品有兴趣，喜爱具象的造

型，单纯艳丽的色彩。

（二）少年的心理发展与消费心理特征

少年指相当于初中阶段的学龄中期的孩子，其心理特征主要有以下表现：①喜欢与成年人比较，具有成人感的自我意识，要求反映自我意识、自我个性，但缺乏经验、表现幼稚；②消费行为的倾向性趋向稳定，由情绪型向理智型发展，由具象向抽象、幻想向想象的现实性发展，兴趣也保持集中，注意力也较稳定；③从受家庭影响逐步转向受社会影响，从接受给予到用批判眼光对待衣物，易接受新鲜服装，但审美能力不强；④对衣物的时尚追随与崇拜明显，有品牌的初步追求意识。

（三）儿童与少年用纺织品图案设计

基于上述儿童与少年市场的消费心理特征，可根据其经济、环境与认识水平设计纺织品图案，应注意下列几点。

（1）书包等纺织品，应针对儿童少年的心理设计，而衣裙及其他大件装饰用纺织品，大多由其父母等成年人代选，感情性的消费心理占主要地位，为此应考量成人给予儿童的健康成长和智力开发的心理。

（2）少年儿童的心理是以具体形象思维为主，缺乏纺织品图案的知识，比较、考查的能力有限，生活经验不丰富。针对这些特点，可采用具象的单纯化、时尚化设计，同时针对少年儿童经济能力的依赖性，考虑从不同档次和实用价值等方面进行。

（3）宣传树立纺织品品牌形象，运用单纯、有趣的设计，加深少年儿童的认识程度，合理利用其带有群体趋向的建议和选择，扩大纺织品消费。

二、青年纺织品消费市场的心理分析与图案设计

青年是指由少年向中年（18～39岁）过渡时期的群体。

（一）青年纺织品消费市场的主要特点

青年纺织品消费市场，除具有一般市场的共有特性外，还有如下一些特点：人数众多，消费量大；具有独立购买能力和消费潜力；分布面广，比较均匀；对市场整体影响极大，对新产品、新时尚、新图案花色有带头作用，并有引导、推动消费潮流的能量。

（二）青年对纺织品需求的心理特性

青年纺织品消费需求的心理特征，除与一般消费者有相同之处外，还具有独特的消费心理行为特征：①追求时尚和新颖，在纺织品市场中是消费主力军，也是宣传、推广、使用流行图案的带头人；②强调合理和实用，由于青年人文化、经济、社交等方面的特点，对新产品的追求，还强调合理和实用，如反映时代潮流与风尚的特点，符合现代科技要求，合理实用、货真价实等；③喜爱能表现自我个性的商品，青年纺织品消费行为表现为由不稳定转向自我成熟，由兴趣多样和彰显个性转向兼具审美、意义和实用；④冲动性消费多于计划性消费，青年对纺织品消费的消费行为多为冲动型，有时为了获得喜爱的服装，宁愿牺牲其他方面的计划；⑤注重情感、直觉的选择，青年消费者在纺织品消费过程中，感情与直觉因素起着相当重要的作用。青年人对纺织品的要求与老年人不同，从情绪上说，青年人对纺织品的反应表现为好恶明显的倾向，一方面对满足需求的纺织品表现为肯定的偏爱与追求；另一方

面对不喜欢的纺织品表现为明显的否定态度，表示厌恶拒绝，同时，青年人特别注重纺织品的花型、色彩、款式、质感、品牌等直观效果的选择。

（三）新家庭的建立与结婚用纺织品的消费

婚姻是青年人一生转折的大事，意味着新生活的开始，对美好生活的追求和向往，对服装及装饰纺织品的需求量较大，而且购买的时间集中并有明显的淡旺季之分，在消费心理需求表现上具有强烈鲜明的特点：①求新求美，体现生活的开始，服装与装饰纺织品都围绕新与美进行选购；②寓意良好，体现幸福、美满的祝愿，要求寓意美好的题材、色彩、款式；③配套适用，体现完美齐全，统一协调，追求服装与装饰纺织品本身与新家庭的整体配套；④感情象征，结婚是感情的结合、爱的结晶，故要求纺织品设计在款式、图案上具有象征意义，能反映情感、表达情感、诱发情感，以满足新婚者的消费要求。

三、成人女性纺织品消费市场的心理分析与图案设计

以女性为专门消费对象的市场，如化妆品、服装、家纺等，纺织品占相当的分量，特别是服装与家纺是女性主要选购与使用的对象，故该市场心理的研究是图案设计师应重点掌握的。由于女性的生理与心理发展跟男性不同，在家庭中所处地位和责任也不相同，因此，消费心理与行为均有自己的特点。

（1）女性注意纺织品的外观形象与感情特征。女性对于纺织品的消费更多地强调美感，易受感情支配而产生消费行为，这种感情主要由纺织产品的形、色、肌理和环境展示等销售气氛所形成，并大多受直观感情的影响。针对这一消费特点，图案设计者可采用注目性、趣味性、联想性、情感性的图案花色设计，以增加产品对女性消费者的吸引力、诱惑力、凝聚力、促动力。

（2）女性注重纺织品的实用性与经济性。女性选用纺织品，往往考虑图案的服用效果，如不同的款式适合不同场合穿，是否符合生理卫生、安全等因素，且随着消费水平的提高越加重视。因此，必须周密细致地针对服用对象、场合、时间、功能等进行设计。

（3）注重实用的便利性与生活的创造性。现代女性对于服装与家纺，除花色品种和质量要求外，还要求洗涤方便以及外观效果的保持能力，同时追求新颖、多变、富有创造性的纺织品组合及配套使用，图案花色设计师可利用精美、新颖的配套组合图案、款式，来满足女性的心理需求。

（4）有较强的自我意识与自尊心。女性常以自己喜好选择产品，且以个人喜好来分析、评价别人。对纺织品的选购、使用同样有自我意识与自尊心，即有喜欢表现自我，享受周围赞赏的欲望，中老年女性对图案的要求多以平稳、安静、吉祥的花色为主。

四、成人男性纺织品消费市场的心理分析与图案设计

男性消费动机一旦形成，会相对稳定，消费行为呈现简单、直接等规律性。男性和女性在审美层面存在消费差别，男性更倾向阳刚、简约风格，因此，在消费过程中对直线、折线类具有阳刚特征的图案花色更为关注。

（1）男性消费的实用性、便利性心理。男性通常用商品的使用价值来定位其价格，注意

力常常集中在商品所能带来的实用价值上，而对那些过度宣传、实际价值不高的产品则很少关注。所以，操作简便，白搭、耐看的条格纹十分契合男性心理需求，更加容易受到青睐。

（2）男性消费的自尊和自重心理。男性在消费过程中自尊心较强，但对价格不太敏感。因为男性自身的性格特征，在消费时多倾向于挑选高端大气的商品，对价格不会过分关注。消费心理起伏不明显，不太容易受到情绪上的影响。因此，单色、几何等简约不简单，能体现面料品质和品牌标识的图案更适合设计师应用。

第五节　基于消费市场的纺织新产品图案设计

一、纺织新花色产品与消费市场

不断创造纺织品的花色品种，是满足消费者不断发展的需求的重要策略，也是适应时代风尚和适应市场竞争的具体表现，是产品实现最大经济效益与社会效益的重要保证。纺织品图案设计，虽然大部分是设计纺织品的最终产品——服装、家纺面料图案，但从产品的周期性来说，它肩负双重任务，即新品种、新图案花色的创新开拓，以及延长老品种的生命周期。它是纺织科技发展的必然，也是人们对纺织品使用、审美价值日益丰富和高标准的客观需要。纺织产品不断以新的花色品种投放市场，吸引消费者，满足不断发展变化的消费欲求，同时，活跃了纺织品市场。新图案花色设计可为老品种增加新的魅力，扩大产品的受众面，延长产品生命周期，获取更大效益。

（一）纺织新花色产品的分类

纺织新花色品种，从其物质属性和改进程度可分为以下四类。

1. 全新型花色

全新型花色，指从原料、织造工艺、印染工艺、成品制造工艺到造型、纹样，全部是开拓型的、创造性的新图案花色，它们是时代、科技新水平的产物，它们的出现将对整个纺织品市场与消费，以及其他市场、经济、社会生活产生影响。

2. 革新型品种花色

革新型品种花色，指在原有纺织产品的基础上经过不断连续改革而成的新产品，如纺织品的原料物质属性未变，但加工手段、纺织工艺、图案设计、款式设计、成品后处理都有改进革新，使原来的纺织品具有新的使用效能与价值。

3. 改造型花色

改造型品种花色，指在原有产品的基础上稍加改造的产品花色，这类纺织品新图案花色在原用途不变的情况下，仅在设计的某一方面进行部分改变，属于产品配套、花色品种备齐的设计，纺织图案新花色设计的产品大部分属此类。它为消费者提供更多的选择性和新奇性、审美性、趣味性的产品，如老原料、老品种用新工艺设计的新图案花色。

4. 部分改变型品种

部分改变型品种花色，属最低级的产品花色设计。只是在产品外观造型方面给予新设计，目的主要是扩大、维持原有纺织品的生命周期，提高产品的竞争力。

（二）影响纺织新图案花色销售的心理因素

纺织新图案花色品种，需经过被消费者认识、感兴趣、评价、试用、采用等发展阶段。因新图案花色品种对消费者冲击的程度不同，新图案花色品种被接受的过程也不同，消费者对纺织品新图案花色消费行为的主要心理因素也不同。

（1）产品的时新性。产品的时新性指新图案花色品种所具有的时代特色与时尚的吻合程度。

（2）审美性。审美性指新图案花色品种所提供的审美品质。

（3）产品的价格因素。纺织品的货真价实或优惠程度。

（4）产品的实用性。产品的实用性指新图案花色品种的功能品级。

（5）产品信息的沟通性。产品信息的沟通性指产品宣传推广的条件与方式。

（6）延续性。延续性指新老花色品种之间对消费者的消费方式、消费习惯、价值观念、审美偏好的延续承接关系。

纺织品的新图案花色在上述几个方面的直接影响下，消费心理感知度及其反应都将有不同的变化。

二、纺织品新图案花色设计与消费心理

纺织品新图案花色的设计与消费心理关系不仅反映在购买行为过程中，还反映在设计过程中，为使新图案花色能迎合市场，满足消费者心理欲求，还必须研究反映在设计过程中的消费心理应用。

（一）新图案花色的个性与象征性

新图案花色的个性即新图案花色独有的优越性和创造性。主要通过图案的象征意义而起作用。

（1）显示人的成熟程度。针对不同年龄的发展阶段抓住其消费心理特征进行设计。

（2）赋予显示威望的设计。针对消费者的事业成就和个人威望进行设计。

（3）适应群体的购买心理。针对群体的不同消费方式和消费习惯，以标明身份、地位、劳动环境、经济收入和消费心理进行设计。

（4）符合自尊心理的需要。针对希望给别人好印象、得到尊敬的自尊心理进行设计。

（5）满足精神的需求。针对希望得到新颖、独特、美观、悦目、具有一定欣赏价值并使人获得美感、激发情感进行设计。

（6）提供多项功能或特别功能。针对基本效用与附加效用进行设计，使产品逐步从单一功能向多功能发展。

（7）充分应用视觉形象语言。针对图案设计以形象艺术语言描述为主的特点，强化视觉形象的魅力。

（8）注意潜在消费者市场变化的应用。

（二）新图案花色的流行性

流行性是一种社会消费现象时尚性的表现，一般指在一定的时间、一定的地点受到社会群体欢迎的式样、花型、色彩，如纺织品中的流行品种、流行款式、流行花型、流行色等。由于社会意识经济、科技发展的变化性、复杂性，流行时尚也十分复杂，消费者求新求美、

求变求异是普遍存在的心理，纺织品新图案花色的流行正是消费者这种心理欲求的反映，是纺织品新图案花色取得成功的心理依据。流行款式、花色这种社会现象是客观存在的，既有它自身的周期性变化运动规律，同时与消费者个性心理差异、经济条件等因素有关。

（三）新图案花色对生活环境的适应性

现实的社会环境与生活环境对新图案花色的不同心理影响，由于消费者所处的生活环境不同，认识事物的方式、行为准则和价值观念的不同，对纺织品都有不同的需求反映，面对生活环境的变化也会引起消费者的动机、行为等消费心理的变化。因此，新图案花色的设计要从生活环境的角度考虑，一方面体现其功能的合理、方便，另一方面要与消费者具体的生活环境相协调、相配合，使造型、色彩、成品式样、格调与其他环境因素形成和谐、平衡的整体美感。

三、纺织品新图案花色的消费者类型分析

由于消费者在个性心理特征、经济条件、文化教养、社交活动等方面的差别，对纺织品新图案花色的反应速度、接受程度也不相同。

（一）新图案花色购买者分类

（1）最先试用者。新图案花色消费的积极分子，一般为性格富于革新的人，经济条件较好，争强好胜心理对其消费行为影响较大。

（2）早期取用者。是新图案花色消费的积极分子，新图案花色的热情支持者和推广者，大多是乐于接受新事物的年轻消费者，求新好奇的心理对他们的消费行为影响较大。

（3）同步使用者。是纺织新图案花色产品消费的基本群众，一般是顺应社会潮流的消费者，维持地位及同步心理对他们的消费行为影响明显。

（4）晚期采用者。是新图案花色在许多人使用后才接受的消费者，个性属抑制型，这类消费者对事物反应缓慢、行动迟缓，求实心理对他们的消费行为影响较大。

（5）守旧者。守旧者是新图案花色最后的甚至拒绝使用的消费者，一般看待事物固定有余，灵活不够，我行我素的习惯心理对其消费行为影响极大。

（二）影响消费者对纺织品新图案花色消费的因素

消费者对纺织品新图案花色的消费行为不同，是由于消费者的消费需求不同而造成。就纺织品新图案花色来说，影响需求的因素除了商品品质、价格和服务等因素外，还与消费者的经济情况、个性心理、文化教育程度、社交活动和信息了解程度等方面有关，消费者消费行为由下列几方面决定。

（1）消费者对新图案花色的感知程度。与文化知识水平和信息灵通度有关。

（2）消费者对新图案花色的态度。指消费者评价新图案花色的见解和能力，花色的新奇感、趋美感、先进感、时代感对消费者态度的形成，起着积极的作用。

（3）消费者对新图案花色的消费行为表现。指购买与使用的行为表现，对花色的新服用功能、新的配套组合有积极的作用。

四、纺织新产品的生命周期与消费心理分析

纺织品在市场上产生、发展和衰落，有其客观的运动过程。新图案花色进入市场到更

新换代和退出市场就是它的生命周期，它由消费者的需求变化以及影响市场的其他因素所形成。它是新图案花色的经济寿命，一般分进入期、成长期、成熟期、饱和期和衰落期五个阶段。不同时期消费心理不同，图案设计的策略要相应有所改变。

（一）进入期的心理反应与新图案花色设计

进入期是新图案花色的发展阶段，"新"往往是主要的，竞争对手少，有吸引力，同时也存在许多不成熟和不全面的缺点，极少数消费者在求新好奇、趋美心理需求下起带头消费新产品的作用，大多数消费者持怀疑、观望态度，这段时期的新图案花色设计，其主要精力应针对少数最先试用者，采用新颖美观、富有时代气息和新潮的花色设计，并提供一定的尝试性的可选性配套设计。

（二）发展期的心理反应与新图案花色设计

发展期是新图案花色品种进入增长阶段，该花色品种在市场上立足并拓展市场的阶段，该阶段设计的花色逐渐丰富多样，且有较高的审美意义。消费者对新图案花色已乐于接受，并有重复购买、希望配套和多样性发展的欲望，但仍有些信心不足者，这时期的化色设计应在原有新的基础上给予扩大，深入提高艺术水平，并针对早期采用者的心理，设计具有形象鲜明、构思创新、造型优美的花色图案，以保持新意和产品的吸引力，促进花色发展。

（三）成熟期的心理反应与新图案花色设计

成熟期是纺织产品新图案花色由生产到市场消费处于全面成熟的时期，产品消费人数很广，需求量大，对新图案花色的选择性心理加强，竞争激烈，这一阶段的花色设计应针对大多数普通消费者的心理需要进行，图案要有一定艺术魅力，反映产品富于联想、诱发心理需要。此外，看重最终产品的多品种、多款式、多用途、多功能等方面的配套设计，使产品向深度、广度发展。

（四）饱和期的心理反应与新图案花色设计

纺织花色生命周期的饱和阶段产品竞争激烈，出现供过于求、产品积压的波动，消费者有更新的购买欲望，对花色要求更严、更苛刻，对新花设计要求很高，要在保证信誉良好的前提下，设计重点在于最终产品的巧妙结合与新功能的深度发展。

（五）衰落期的心理反应与新图案花色设计

衰落期是某种花色已老化并逐步淘汰的阶段。消费者对过剩花色产品产生厌恶的情绪，期待新的花色来替代旧的花色，这一时期的设计应着重原有花色反馈信息的研究，抓住尚有潜力的一面进行针对性设计，同时，对有上升苗头的某种花色进行尝试性设计，以期抓住新苗头、新时机，发展有生命力的新图案花色。

思考与练习

1. 结合实际案例分析不同消费心理与纺织品图案设计的关系。
2. 结合实际案例分析不同消费动机与纺织品图案设计的关系。
3. 结合实际案例分析不同消费行为与纺织品图案设计的关系。
4. 结合实际案例分析不同消费市场与纺织品图案设计的关系。

参考文献

［1］段玉裁. 说文解字注［M］. 上海：上海古籍出版社，1981.

［2］沈寿. 雪宦绣谱图说［M］. 济南：山东画报出版社，2002.

［3］城一夫. 西方染织图案史［M］. 北京：中国纺织出版社，1995.

［4］JENNIFER Harris. 纺织史［M］. 汕头：汕头大学出版社，2011.

［5］鲁道夫·阿恩海姆. 艺术与视知觉［M］. 腾守尧，朱疆源，译. 成都：四川人民出版社，2006.

［6］沈从文，王家树. 中国丝绸图案［M］. 北京：中国古典出版社，1957.

［7］忻泰华. 国际织物印花图案流派［M］. 北京：轻工业出版社，1987.

［8］缪良云. 中国历代丝绸图案［M］. 北京：中国纺织出版社，2003.

［9］赵丰. 中国丝绸通史［M］. 苏州：苏州大学出版社，2005.

［10］高春明. 锦绣文章——中国传统织绣图案［M］. 上海：上海书画出版社，2005.

［11］苏州丝绸博物馆. 苏州百年丝绸图案［M］. 济南：山东画报出版社，2010.

［12］黄国松，朱春华，曹义俊. 纺织品图案设计基础［M］. 北京：纺织工业出版社，1990.

［13］庄子平. 美术设计解误法［M］. 沈阳：辽宁美术出版社，2000.

［14］黄国松. 色彩设计学［M］. 北京：中国纺织出版社，2001.

［15］黄国松. 染织图案设计［M］. 上海：上海人民美术出版社，2005.

［16］徐百佳. 纺织品图案设计［M］. 北京：中国纺织出版社，2009.

［17］周赳，张爱丹. 织花图案设计［M］. 上海：东华大学出版社，2015.

［18］汪芳. 染织图案设计［M］. 上海：东华大学出版社，2016.

［19］崔唯，肖彬. 纺织品艺术设计［M］. 北京：中国纺织出版社，2016.

［20］崔唯. 流行色与设计［M］. 北京：中国纺织出版社，2013.

［21］龚建培. 现代家用纺织品的设计与开发［M］. 北京：中国纺织出版社，2004.

［22］王庆珍. 纺织品设计的面料再造［M］. 重庆：西南师范大学出版社，2007.

［23］张元美. 电脑绣花图案设计与实践教程［M］. 上海：东华大学出版社，2018.